露天矿山边坡和排土场
灾害预警及控制技术

谢振华 著

北 京

冶 金 工 业 出 版 社

2015

内 容 提 要

本书系统介绍了露天矿山边坡和排土场灾害预警及控制技术,具体内容包括露天矿山边坡和排土场灾害预警的基础理论、指标体系、指标权重、预警方法、预警系统,以及露天矿山边坡和排土场灾害控制对策与技术机理、分层多次高压注浆预应力锚固技术等。

本书可供从事矿山安全生产的管理人员、技术人员和研究人员使用,也可供其他从事安全生产工作的人员参考。

图书在版编目(CIP)数据

露天矿山边坡和排土场灾害预警及控制技术/谢振华著.——北京:冶金工业出版社,2015.3
ISBN 978-7-5024-6862-0

Ⅰ.①露… Ⅱ.①谢… Ⅲ.①露天矿—边坡—矿山安全—研究 ②露天矿—排土场—矿山安全—研究 Ⅳ.①TD7

中国版本图书馆 CIP 数据核字(2015)第 046000 号

出 版 人 谭学余
地 址 北京市东城区嵩祝院北巷 39 号 邮编 100009 电话 (010)64027926
网 址 www.cnmip.com.cn 电子信箱 yjcbs@cnmip.com.cn
责任编辑 杨 敏 美术编辑 杨 帆 版式设计 孙跃红
责任校对 李 娜 责任印制 牛晓波
ISBN 978-7-5024-6862-0
冶金工业出版社出版发行;各地新华书店经销;固安华明印业有限公司印刷
2015 年 3 月第 1 版,2015 年 3 月第 1 次印刷
148mm×210mm;8.5 印张;252 千字;262 页
38.00 元
冶金工业出版社 投稿电话 (010)64027932 投稿信箱 tougao@cnmip.com.cn
冶金工业出版社营销中心 电话 (010)64044283 传真 (010)64027893
冶金书店 地址 北京市东四西大街 46 号(100010) 电话 (010)65289081(兼传真)
冶金工业出版社天猫旗舰店 yjgy.tmall.com
(本书如有印装质量问题,本社营销中心负责退换)

前　言

露天矿山边坡和排土场灾害属于矿山重大灾害事故，可造成大量的人员伤亡和财产损失，引起环境破坏。例如，2008 年 8 月 1 日，山西省某铁矿排土场发生特别重大垮塌事件，致使 45 人遇难。2009 年 6 月 5 日，重庆某铁矿边坡发生体积约为 $1.2 \times 10^7 \text{m}^3$ 的滑坡和崩塌，致使 26 人遇难、78 人失踪。

目前，我国露天矿山呈现出边坡越来越高、越来越陡的状况，很多露天边坡不同程度地出现过边坡稳定性问题。我国有超过两千座一定规模的排土场，占地面积已达 $(1.4 \sim 2.0) \times 10^4 \text{km}^2$，每年因采矿剥离的岩土排放量都超过 6 亿吨，排土场占地面积正以每年 340km^2 的速度增长，排土场高度也在不断加大。我国露天矿山边坡、排土场安全方面存在的主要问题是大多数矿山边坡、排土场没有设置安全监控设施，缺乏有效的灾害预警方法和预警机制。因此，对露天矿山边坡和排土场灾害预警及控制技术进行深入研究，可为边坡和排土场灾害防治、事故应急管理提供科学指导，具有重要理论意义和现实意义。

本书是国家"十二五"科技支撑计划重点项目"露天矿山灾害预警与控制技术研究及示范"课题的研究成果。本书介绍了课题组在深入调查、分析露天矿山边坡和排土场灾害预警技术研究现状及基础理论的基础上，建立的露天矿山边坡和排土场灾害短期和中长期预警指标体系；采用基于未确知有理数法、粗糙集理论、G1 法来确定预警指标的权重，提出的基于可拓理论、RBF 神经网络、BP 神经网络和案例推理的边坡和排土场灾害预警方法，结合工程实际开发的露天矿山边坡和排土场灾害预警系统，同时还介绍了课题组提出的露天矿山边坡和排土场灾害控制对策，重点对分层多次高压注浆预应力锚固技术进行了阐述。

感谢栾婷婷、梁莎莎、贾志云、杨栋、范冰冰为本书所做的工作！感谢本书所引用的参考文献的作者！

由于作者水平有限，疏漏之处在所难免，敬请读者给予批评指正！

谢振华

2014 年 12 月

目　　录

1 露天矿山边坡和排土场灾害预警技术研究现状

1.1 边坡和排土场灾害分析

1.1.1 边坡灾害分析

边坡灾害的类型及特点如表 1 - 1 所示。边坡灾害中，以滑坡灾害最为常见，滑坡通常具有双重含义，可指一种重力地质作用的过程，也可指一种重力地质作用的结果。根据滑坡体厚度、运移形式、成因、稳定程度、形成年代和规模等因素，可对滑坡进行分类，如表 1 - 2 所示。

表 1 - 1 边坡灾害的类型及特点

类型	定　义	特　点
滑坡	滑坡是指地质体沿地质弱面向下滑动的重力破坏。大规模的滑坡可摧毁公路、堵塞河道、破坏厂矿、淹没村庄等	边坡变形破坏的主要形式。边坡发生滑动时，一般情况下，在滑坡前滑体的后缘会出现张裂隙，而后缓慢移动。滑坡初期速度慢，持续时间长，到后期迅速滑落。其中滑动规模可以是一个岩块沿某一平面或曲面整体向下滑落，也可能是上百万甚至上千万立方米的山体滑动
崩塌	崩塌是指地质体在重力作用下，从高陡坡突然加速崩落或滚落（跳跃）。崩塌可能是小规模块石的坠落，也可能是大规模的山（岩）崩	具有明显的拉断和倾覆现象，以拉断破坏为主。强烈震动或暴雨，往往是诱发崩塌的主要原因。在变形破坏过程中，并不是沿某一固定面的滑动，而是以自由落体为其主要运动形式

类型	定　义	特　点
倾倒	边坡内部存在一倾角很陡的结构面，将边坡岩体切割成许多相互平行的块体，临近坡面的陡立块体缓慢地向坡外弯曲倒塌，边坡的这种破坏形式称为倾倒	岩块一般不发生水平或垂直位移，而是以某一点或块体的某一棱线为转动轴心，绕其外侧临空面转动。因此，倾倒是以角变位为主要变形形式的破坏。在一定条件下，倾倒也可能和滑动同时出现

表1-2　滑坡分类

滑坡因素	名称类别	特征说明
滑体厚度	浅层滑坡	滑坡体厚度在10m以内
	中层滑坡	滑坡体厚度在10~25m之间
	深层滑坡	滑坡体厚度在25~50m之间
	超深层滑坡	滑坡体厚度超过50m
运动形式	推移式滑坡	上部岩层滑动，挤压下部产生变形，滑动速度较快，滑体表面波状起伏，多见于有堆积物分布的斜坡地段
	牵引式滑坡	下部先滑，使上部失去支撑而变形滑动。一般速度较慢，多具上小下大的塔式外貌，横向张性裂隙发育，表面多呈阶梯状或陡坎状
发生原因	工程滑坡	由于施工或加载等人类工程活动引起滑坡，还可以细分为： (1) 工程新滑坡：由于开挖坡体或建筑物加载形成的滑坡 (2) 工程复活古滑坡：原已存在的滑坡，由于工程扰动引起复活的滑坡
	自然滑坡	由于自然地质作用产生的滑坡，按其发生的相对时代可分为古滑坡、老滑坡、新滑坡
稳定程度	活动滑坡	发生后仍继续活动的滑坡，后壁及两侧有新鲜擦痕，滑体内有开裂，鼓起或前缘有挤出等变形迹象
	不活动滑坡	发生后已停止发展，一般情况下不可能重新活动，坡体上植被较盛，常有老建筑

滑坡因素	名称类别	特 征 说 明
发生年代	新滑坡	现今正在发生滑动的滑坡
	老滑坡	全新世以来发生滑动，现今整体稳定的滑坡
	古滑坡	全新世以前发生滑动的滑坡，现今整体稳定的滑坡
滑体体积	小型滑坡	$< 10 \times 10^4 \, m^3$
	中型滑坡	$10 \times 10^4 \sim 100 \times 10^4 \, m^3$
	大型滑坡	$100 \times 10^4 \sim 1000 \times 10^4 \, m^3$
	特大型滑坡	$1000 \times 10^4 \sim 10000 \times 10^4 \, m^3$
	巨型滑坡	$> 10000 \times 10^4 \, m^3$

1.1.2 排土场灾害分析

排土场又称废石场，是矿山采矿排弃物集中排放的场所，是一种巨型人工松散堆积体。超过一定高度的排土场可形成重大隐患。当排土场受大气降雨或地表水的浸润作用时，场内堆积材料的稳定状态会迅速恶化，频频发生滑坡、泥石流，危及矿山和周围群众安全。

我国排土场安全方面存在的主要问题有：设计不规范，以前我国一直沿袭苏联时期的设计模式，不经过任何安全及稳定性评价，直接圈出占地，给出堆高等，给安全和环境留下隐患；大量占用耕地，且大多位于有一定居民区及大量耕地区域，威胁下游安全；普遍堆置较高，存在灾害隐患；大多没有设置安全监控设施，安全预警和控制技术落后。

1.1.2.1 排土场滑坡

排土场滑坡在排土场灾害中最为普遍、发生频率最高，按其产生机理又分为排土场与基底接触面滑坡、排土场沿基岩软弱层滑坡和排土场内部滑坡三种类型。这三种滑坡类型机理基本相同，但产生的原因有所不同，概括起来，排土场滑坡原因大致有 5 种：

（1）建设初期设计及建设考虑不周。有些联合企业在矿山基建初期缺乏富有矿山生产经验的基建管理决策人员，排土场建设质量的重要性在一开始就未能引起足够重视，忽视与排土场建设质量密切相关的排土场工程地质勘探和排土规划设计等的重要性；加之过分关注矿山建设进度，在投用前对排土场底部的软弱层不清理或清理不彻底，这些使排土场埋下了滑坡隐患。

（2）生产中没有严格按照设计要求组织排土作业。初期排土场底部排弃的疏水性块石厚度不够，或在生产的某一时期进行岩土混排，从而人为地在排土场内部形成软弱面。该面的物理力学强度低，随着排土场废石堆积高度的加大，当某一弱面的剪应力超过其抗剪强度时，便会沿此弱面发生滑坡。这种滑坡的治理难度较大，常规做法是对排土场稳定性进行重新验算，修正排土场技术参数或者在排土场的坡底修筑挡土墙进行工程拦截。

（3）排水设施不健全。导致排土场滑坡的另一重要原因是大气降雨和地表水对排土场的浸润作用，该作用使排土场初始稳定状态发生改变，稳定性条件迅速恶化。排土的初期排土场为三元介质体，排土场的物质由固体颗粒、空气和附着水三部分组成，中后期随着排土场的下沉，岩石孔隙间的空气被挤压出去，空隙缩小并被充填，形成二元介质体，排土场便逐渐稳定下来。如果在暴雨时排土场排水不及时，大量的地表水便汇入排土场，雨水渗入内部后，排土场原来的平衡状态发生变化，排土场充水饱和，一方面增加了排土场重量，另一方面降低了排土场内部潜在滑动面的摩擦力，从而形成排土场滑坡。

（4）人为因素。目前在我国尤其是农村环保意识和法制观念还有待进一步提高，滥采滥挖现象比较普遍，有的村民在靠近排土场的坡底和两侧进行采石、取土活动，削弱了排土场底部的抗剪力和两侧的阻挡力；此外，临近排土场的爆破震动效应对排土场稳定性的影响也不容忽视。当上述危害排土场安全的工程活动达到足够强度时，也有可能引起排土场滑坡。如尤门山石灰石矿云中寺排土场坡底的个体采石场，如果其工作面继续向前扩展，极有可能引发滑坡灾害。

（5）其他不可抗拒因素。排土场滑坡除了设计、施工和生产管理方面的原因外，有时人力不可抗拒因素也会造成排土场滑坡，如地震、海啸以及大暴雨等。

1.1.2.2 排土场泥石流

排土场泥石流从成因上一般分为水动力成因泥石流和重力成因泥石流。水动力成因泥石流是大量松散的固体物料堆积在汇水面积大的山谷地带，在动水冲刷作用下沿陡坡地形急速流动；重力成因泥石流是吸水岩土遇水软化，当含水量达一定量时，便转化为黏稠状流体。矿山排土场泥石流多数以滑坡和坡面冲刷二者共同作用形式出现，即滑坡和泥石流相伴而生，迅速转化，难以截然区分，所以分为滑坡型泥石流和冲刷型泥石流。矿山工程中前期的表土剥离、筑路开挖的土石方以及露天开采剥离的大量松散岩土物料，都给泥石流的发生提供了丰富的固体物料来源。另外，矿山排土场大多建在山沟里，使得排土场的汇水面积较大和具有较大的沟床纵坡，在集中降大到暴雨的情况下，便有可能发生排土场泥石流。

1.1.2.3 排土场环境污染

矿山排土场作为矿山开采中收容废石的场所，其中必然存在大量的细微固体颗粒。无论是哪种排土工艺，在卸土和转排时，都会产生大量的灰尘，随风四处飞扬，不仅影响作业人员的身体健康，而且对排土场周围造成危害，污染空气和农作物，影响庄稼的质量和收成。排土场一般都处在较高的位置，随着风力的加剧，污染范围也会扩大。此外，排土场因水土流失造成的水系污染对生态环境的影响也是很大的。

1.2 边坡稳定性分析的研究现状

1.2.1 边坡稳定性影响因素

考虑边坡稳定性所受的影响是一个复杂而又重要的分析过程，需要研究的因素有很多，包括组成边坡的岩石性状、边坡岩体地层情况、岩体结构、水文地质、地应力、气候条件、工程因素等，这些因素大致可以分为内在因素与外在因素两大类。

1.2.1.1 内因

内因主要包括地层与岩性、岩体结构面的特点、地质构造与地应力。

（1）地层与岩性。地层与岩性是边坡工程地质特征的两个基本因素，也是影响岩性边坡稳定性的重要因素。不同地层与不同岩性的边坡具有不同的破坏方式，也常常是不同边坡的稳定性特征不同的差异所在。例如，在有些地层中滑坡特别发育，这是与该地层中含有特殊的矿物成分和风化物质，在地层内容易形成滑动带有关。

岩性包括组成岩石的物理、化学、水理以及力学性质，这些都使得不同岩石有着各自不同的破坏特性。边坡岩体如果是整体性好、坚硬、致密、强度高的块状或厚层状岩体，可以形成高达数百米的陡立边坡而不垮塌，如长江三峡的石灰岩峡谷；但是在淤泥或淤泥质软土地段，由于淤泥的塑流变形，边坡难以形成。在整体性差、松散、破碎、强度低的岩体中，边坡坡度较缓也有可能失稳。

（2）岩体结构面的特点。结构面的组数和数量、连续性和间距、起伏度和粗糙度共同决定了结构面是影响边坡稳定性的重要因素，结构面的存在破坏了岩体的整体性，降低了岩体的自身强度和稳定性，减弱了岩体的连续性及均匀性特征，从而使得岩体更易受到力的剪切、拉伸破坏，使得边坡更易形成贯通的滑动面，最终形成破坏的概率也更大。

岩体的结构面都是弱面，比较破碎，易风化。结构面中的缝隙往往被易风化的次生矿物充填，因此，抗剪强度较低。结构面发育的岩体为地表水的渗入和地下水的活动提供了良好的通道。水的活动使得岩石的抗剪强度进一步降低。

（3）地质构造与地应力。地质构造是指区域的构造特点、边坡地址的褶皱形态、岩层产状、断层和节理裂隙发育特征以及区域性构造活动特点等，边坡地段的褶皱形态以及岩层产状等将会直接控制边坡变形破坏的形式和规模，断层和裂隙破碎带的影响更加明显，有些断层和节理本身就是构成滑坡体的滑动面。因此，地质构造对于边坡稳定性有着较为显著的影响，对于区域内地质构造较为复杂的边坡来说，其稳定性相对要差。

地应力主要包括由岩体重力引起的自重应力和地质构造作用引

起的构造应力等。地应力对露天开采边坡的稳定有着较大的影响且较为复杂，它与岩体自重、地质构造、地质运动、地下水和地温均有关系。在开采过程中，由于边坡岩体发生了变化，采场岩体的地应力将会重新分布，可能造成高于原应力几倍的二次应力，在应力集中区域将会造成边坡滑体滑面的产生和岩体的错位或位移。严重影响边坡的稳定性。

1.2.1.2 外因

外因主要包括震动因素、水文因素、风化作用和植物生长及人为因素。

（1）震动因素。震动因素主要是指人工爆破和地震。爆破产生的冲击波以及由地震产生的地震波将会通过岩体在边坡内传播和震荡，使得岩体内的原生软弱面规模发展扩大，逐渐贯通，促使滑坡体滑面形成，恶化边坡稳定环境。

（2）水文因素。在露天矿边坡稳定性当中，水的作用占有举足轻重的地位。对于结构面复杂、岩体裂隙发育的岩体来说，水的作用更加明显。水对边坡的作用包括静压作用、动压作用以及软化作用。静压作用常产生于赋存地下水的岩体裂隙两壁，充斥于岩体张裂隙的地下水降低了摩擦力并增大了岩体滑动力。而当破碎的岩体中有地下水流动时，水就可以对岩石产生动水压力或是渗透压力。此外，在地下水从岩体中流过时，还会产生潜蚀作用。潜蚀作用是指地下水在地表以下引起的各种形式的侵蚀，包括物理潜蚀和化学潜蚀两种。这些作用带走了岩体中可溶性颗粒，降低了岩体的内聚力和摩擦力，最终使得岩体失去平衡而导致滑坡。对于黏土质的岩体和裂隙发育的岩体，水还能造成软化作用，使得边坡岩体的稳定性进一步降低。

（3）风化作用和植被生长。采场边坡开挖之后，就会受到长期的风化作用的影响。风化作用使岩土体的裂隙增加、强度降低，影响边坡的形状和坡度，使地面水易于侵入，改变地下水的动态等。沿裂隙风化时，可使岩土体脱落或沿边坡崩塌、堆积、滑移等。植物根系可吸收部分地下水有助于保持边坡的干燥，增强边坡的稳定性；但有时在岩质边坡上，生长在裂隙中的树根也可能引起边坡局部崩塌。

（4）人为因素。在边坡工程当中，有时候会由于人们对边坡的认识不够或是管理松弛，如边坡维护和管理不到位、作业人员违章操作、超挖坡脚、在边坡上部堆置废石及设备、排土场设置不合理、露天地下联合开采时地下开挖巷道等都会对露天边坡的稳定性造成影响。

1.2.2 边坡稳定性分析方法

边坡稳定性研究已有 100 多年的历史，早期的边坡研究以土体为对象，采用以材料力学和简单的均质弹性、弹塑性理论为基础的半经验半理论性质的研究方法，并把此方法用于岩质边坡的稳定性研究，由于其力学机理的粗浅或假设的不合理，结果与实际情况差别较大。随着人们认识的提高、理论的发展、科技的进步，开始使用条分法、有限元方法研究边坡的稳定性问题，给定量评价边坡的稳定性创造了条件，使其逐渐过渡到数值方法。20 世纪 80 年代以来，随着工程规模的不断加大，边坡岩体工程条件也越来越复杂，随机方法和模糊方法等不确定性分析方法开始应用。随着计算机的应用及计算理论的发展，在传统的理论方法基础上，可以定量或半定量地模拟边坡变形破坏发展过程及形成机制，从而把这个领域的研究推向了新的阶段。边坡稳定性分析方法归纳如图 1 - 1 所示。

1.2.2.1 定性分析方法

定性分析方法亦称多因素分析法，原理是通过分析已变形地质体的成因及其演化史、地质体失稳变形破坏方式及力学机制，总结影响边坡稳定性的主要因素，从而对被评价边坡给出一个稳定性状况及其可能发展趋势的定性说明和解释。其优点是能综合考虑影响边坡稳定性的多种因素，注重斜坡自然属性的认识，快速地对边坡的稳定状况及其发展趋势作出评价。缺点是不能考虑其内在的应力与强度、变形与变形能力之间的矛盾。定性分析方法主要包括地质分析法（历史成因分析法）、工程类比法、图解法、专家系统和范例推理法、SMR 法等。

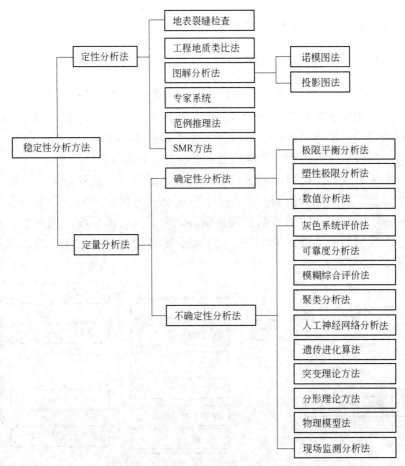

图 1-1 边坡稳定性分析方法

1.2.2.2 定量分析方法

定量分析方法的基本思想是在地质分析的基础上，将复杂的问题通过合理的抽象得到适宜的模型，选取适宜的参数进行稳定性的定量计算，最后将计算结果图形化，进而进行稳定性分析。广泛使用的定量分析法大致分为确定性分析方法和不确定性分析方法，其中确定性分析方法主要包括极限平衡分析法、塑性极限分析法和数值分析方法；不确定性分析方法主要包括灰色系统评价法、可靠度分析方法、模糊综合评价法等。

1.3 边坡失稳控制技术的研究现状

1.3.1 边坡失稳控制方法的分类

1.3.1.1 按照滑坡治理方法的发展历史分类

早期由于对滑坡产生的条件、作用因素、发生和运动机理以及滑坡的危害缺乏足够的认识，边坡的治理基本属于被动治理，如绕避、削坡减载等，难以达到从根本上治理滑坡的目的。20世纪80年代以来，人们开始对滑坡进行深入研究，诞生了一系列新方法，如主动抗滑的预应力锚固技术，使滑坡控制从单纯的被动抗滑进入主动或主动与被动抗滑相结合的新阶段。所以，根据滑坡治理方法的历史发展阶段来看，可将其分为两类，即被动治理和主动治理，如图1-2所示。

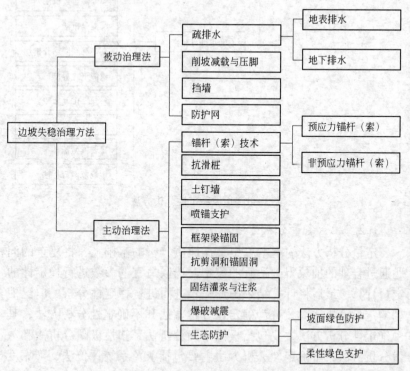

图1-2 边坡失稳治理方法

1.3.1.2 按照滑坡治理方法的国内外习惯分类

国际上通常将滑坡治理措施分为四类，即改变斜坡几何形态、排水、支挡结构、斜坡内部加固，如表1-3所示。

表1-3 国际滑坡治理方法分类

类 型	工 程 措 施
改变斜坡几何形态	(1) 从滑坡的滑动区搬出物质（可用轻型材料替代）； (2) 在滑坡抗滑区增加物质（反压护道或填土）； (3) 减缓斜坡坡度
排水	(1) 地表排水，把水排到滑坡区外（集水沟或管）； (2) 充填渗水材料（粗卵砾石或土工合成纤维）的浅沟或深沟排水； (3) 粗粒材料的支撑盲沟排水； (4) 用泵抽水或自流排水的垂直孔群（小直径）排水； (5) 重力排水的垂直井群（大直径）排水； (6) 地下水平孔群或垂直孔群排水； (7) 隧洞、廊道或坑道排水； (8) 真空排水； (9) 虹吸排水； (10) 电渗排水
支挡结构	(1) 重力式挡墙； (2) 框架式挡墙； (3) 笼式挡墙； (4) 被动式桩、墩和沉井； (5) 现浇的钢筋混凝土挡墙； (6) 聚合物或金属的条或片的加筋挡土结构； (7) 粗粒材料的支撑扶壁（盲沟）（力学作用）； (8) 岩石边坡的固定网； (9) 岩石崩塌的减缓和阻止系统（拦石的沟、平台、栅栏和墙）； (10) 抗冲刷的保护性岩石或混凝土块
斜坡内部加固	(1) 岩石锚栓； (2) 微型桩群； (3) 土钉； (4) 锚杆（预应力的或非预应力的）； (5) 注浆； (6) 石头柱或石灰/水泥柱； (7) 热处理； (8) 冻结； (9) 电渗锚杆； (10) 种植植物（根系的力学作用）

在我国通常将滑坡治理方法分为坡率法、支挡、加固、排水、防护五大类，如表1-4所示。

表1-4 我国滑坡治理方法分类

类型	描　　述
坡率法	按一定的坡率和设分级平台的方法将边坡刷方到稳定边坡。在滑坡后部减重，在前部反压
支挡	包括抗滑挡墙、抗滑桩、预应力锚索抗滑桩、预应力抗滑桩、抗滑明洞
加固	包括锚杆框架、预应力锚索框架、压浆锚柱、竖向钢花管注浆、钢花管锚杆框架
排水	包括仰斜排水孔、边坡渗沟、支撑盲沟、截排水隧洞、排水沟、截水盲沟
防护	包括封闭式防护、植物防护、骨架护坡

1.3.1.3 按照边坡防治方法的作用情况分类

按照边坡防治方法的作用情况，边坡失稳控制方法可以分成两大类，第一类是边坡整体稳定，无滑动问题，仅对表面局部出现的变形破坏采取防护措施，即坡面防护。包括喷浆或喷射混凝土、焙烧法、坡面绿色防护、防护网等。对于坡面防护还有如表1-5所示方法。

表1-5 坡面防护方法

方法	描　　述
抹面防护	利用炉灰渣混合砂浆、三合土、四合土等材料，在坡面上加设一层耐风化表层，隔离大气的影响和雨水的侵蚀，以便防止边坡表面风化
捶面防护	在易受冲刷的土质和易受风化的岩质边坡，利用炉渣及三合土、四合土等材料置于坡面混匀夯实，以防止坡面破坏，养护坡面
喷锚网联合防护	对坡面已经严重风化、破碎严重的边坡，用喷射混凝土措施及钢筋网封闭坡面，并用锚杆加固，使得边坡表面得以防护并能承受少量的松散体产生的侧压力
土工格栅挂网喷浆	在坡面先布设锚固钉，在凹凸不平的坡面喷底浆后挂设土工格栅网使之紧贴坡面，并用面层砂浆或混凝土将土工格栅完全覆盖形成养护
护面墙	以浆砌片石（块石）结构覆盖在各种软质岩层和较破碎的挖方边坡，使之免受大气影响，防止坡面风化
砌片石防护	分为干砌片石和浆砌片石两种。前者是砌面防护的首选，利用不易风化的坚硬岩石砌护于坡面。后者利用水泥浆将片石空隙填满，使之形成一个整体，以保护坡面不受外界侵蚀

第二类控制方法是边坡本身不能保持稳定，有可能失稳滑动，为消除减少各种不稳定因素，采取增强边坡稳定性的防治措施。采取这类措施的工程要求往往较高，如锚杆（索）加固、注浆加固、挡土墙、抗滑桩以及锚注加固等复合加固方式都属于此类加固方法。

1.3.1.4　按照滑坡防治途径分类

目前，边坡失稳的工程防治主要可以通过三个途径完成：一是终止或减轻各种形成因素的作用；二是改变坡体内部力学特征，增大抗滑强度使变形终止；三是直接阻止滑坡的起动发生。目前常用的滑坡治理工程措施如表 1 – 6 所示。

表 1 – 6　滑坡治理方法按防治途径分类

途　径	方　法
终止或减轻各种形成因素	地表排水和地下排水；减载反压：顺方减重、反压加载
改变坡体内部力学特征	灌浆和注浆加固；土质改良：焙烧法、电渗法、振动固结、化学固结、爆破法
直接阻止滑坡的起动发生	挡土墙、锚拉墙、抗滑桩、锚拉桩、锚索、抗滑键、抗滑明洞、锚喷支护

1.3.2　边坡失稳控制方法概述

1.3.2.1　疏排水

在边坡防治总体方案基础上，结合工程地质、水文地质条件及降雨条件，注意依坡就势，因势利导，制定地表排水、地下排水或者两者相结合的方案。边坡疏排水应以"截、排和疏"为原则修建排水工程。通常，排水工程中修建的排水建筑物可分为地表排水建筑物和地下排水建筑物两大类。

地表排水的目的是拦截滑坡地段以外的地表水，不使水流入滑坡区内，并尽快排除滑坡范围内的雨水，引导地表水在滑坡体外的稳定山坡处排走。滑坡的发生和发展与地表水的危害有密切关系，所以从边坡稳定性维护的意义说，设置排水系统来排除地表水，对治理各类滑坡都是适用的。

地下水是斜坡不稳定的主要原因之一。由于斜坡土层（岩体）中埋藏有地下水，流入边坡变形区，产生了动水压力和静水压力，为减弱这种压力的作用，确保边坡稳定，可采用地下排水的方法。由于滑体内地下含水带的厚薄、分布、补给条件和当地地质条件的差异，故有拦截、疏干、排引等办法。治理地下水的原则是"可疏而不可堵"。疏干地下水设施包括边坡渗沟、支撑渗沟、疏干排水隧洞、渗水暗沟、渗井、渗管、渗水支垛、水平钻孔排水等。

排水方式及使用条件如表1-7所示。

表1-7　排水方式分类及使用条件

排水方式分类	使用条件
自流排水方式	(1) 山坡型露天矿有自流排水条件，部分可利用排水平硐导通； (2) 采场积水结冰，不适宜露天排水
露天排水方式（包括采场底部集中排水和采场分段接力排水）	(1) 集中排水主要适用汇水面积小、水量小的中、小型露天矿； (2) 分段排水主要适用于汇水面积大、水量大的露天矿； (3) 采场允许淹没高度大，采场不易结冰； (4) 采场下降速度慢（分段排水下降速度快）
井巷排水方式（包括集中一段排水系统和分段接力排水系统）	(1) 采场小，排洪泵布设困难； (2) 水量大，新水平准备要求快； (3) 需井巷疏干的露天矿； (4) 深部有坑道可以利用； (5) 采场积水结冰，不适宜露天排水
联合排水方式	联合排水方式优于单一排水方式时

1.3.2.2　削坡减载

"削坡"一般指放缓边坡坡率，"减载"是在滑坡体的上部主滑段和牵引段挖去部分滑体岩土以减少滑体重量和主滑体推力的工程措施。在滑体治理中，通常需要的是在滑体主滑段挖方减少滑体下滑力，而不是在滑坡前缘挖方减少抗滑力，在滑体下部前缘挖方会引起滑坡蠕动、边坡坍塌，加剧滑坡的滑动。所以在滑坡及潜在滑坡区内未查清滑坡性质前不可盲目削方。

削坡减载对于滑坡稳定系数的提高值可作为设计依据。削坡减载应结合采矿工艺，采用分段开挖。当配合支护工程时，应边开挖边支护，护坡之后才允许开挖下一个工作平台，严禁一次开挖到底。当削坡高度较大时，削坡宜设置多级台阶，每级削坡高度宜设计成与原台阶一致高度。采用爆破方法对后缘滑体或危岩进行削方减载时，应对爆破震动对滑坡整体稳定性的影响作出评估，并应采用控制爆破的方法。

实践经验表明，对已经滑动的滑坡，仅用减重而不结合地下排水和支挡工程的，大都不能长久稳定滑坡，几年或几十年后滑坡仍会滑动。其原因是已经滑动的滑坡，滑动面已贯通，滑带土强度已降低，若无地下排水措施提高滑带土强度，或作支挡加固工程增加其抗滑力，减重只减少了致滑力。所以采用减重措施时还应同时辅以相应的支挡加固工程，更能永久稳定滑坡。而对个别规模大、滑面贯通某一边帮的滑坡体，甚至要修改矿山开采设计。

削坡减载宜与压脚联合采用。压脚稳坡就是在边坡坡脚堆筑废石，借以支撑滑体或增加滑体下部滑动面上的摩擦力，从而提高岩体的稳定性。

对于某些推动式滑坡，为了增加它的稳定性，在查明滑坡的性质后，可采用在滑坡上部卸载和下部压脚的方法，以达到滑体的力学平衡。滑坡上部卸载，即减重，一般情况下只能减小滑体的下滑力，而不能解决阻止滑坡下滑和位移的问题，若将减重挖出的土体填于下部阻滑部分起到反压作用，二者结合则可达到整治滑坡的目的。

1.3.2.3 挡墙

抗滑挡墙是防治滑坡经常采用的有效措施之一。对于大型滑坡来说，可作为排水、减重等综合措施的一部分；对于中小型滑坡来说，可以单独使用。其优点是稳定滑坡收效较快，就地取材，施工方便。但应用时必须弄清滑坡的受力性质、滑坡体的结构、滑动面的层数和位置、滑坡推力及挡墙基础等情况，否则容易造成抗滑挡墙的变形，致使防治工程失败。抗滑挡墙和一般挡墙一样，也因受力条件、墙体材料和结构的不同而有多种类型，如有混凝土的、实体的、装配式的、桩板式的等。抗滑挡墙与一般挡墙的主要区别是所受土压力的大小、方向、分布和合力作用点不同。

由于滑坡的推力大和作用点较高，因此重力式抗滑挡墙常具有坡缓、外形矮胖的特点。因滑坡结构复杂，故抗滑挡墙断面形式很多。

1.3.2.4 防护网

防护网按其结构形式、防护功能和作用方式可分为主动网和被动网两类。主动防护网主要用于坡面围护、限制落石、防止发生崩塌；被动防护网主要用于崩滑体下方拦截落石。

采用主动网锚固筋应穿过表层破碎带，并验算其锚固力；被动网应保证基础稳定，验算崩塌落石能量，选用相应的能级规格。

1.3.2.5 锚杆（索）技术

边坡锚固就是对潜在失稳或将来可能发生失稳的滑体采用锚固技术进行加固处理。因此，锚固设计的任务是，首先，根据工程地质勘察与分析研究，确定潜在滑移块体的位置、规模、形态、大小及稳定状态；然后，确定边坡的工程性质与稳定性重要程度，选择合理的破坏准则和安全系数；最后，决定锚杆布局、安设角度及预应力值，设计锚杆和锚杆体的类型和尺寸，验算锚杆稳定性和设计锚头等主要内容。锚杆（索）按是否预先施加应力可分为预应力锚杆（索）和非预应力锚杆（索）。

预应力锚固技术是用锚固方法增加支挡结构或岩土体稳定性的一种措施。其方法是打钻孔穿过有可能滑动的或已经滑动过的滑动面，将钢筋（或钢索）的一端固定在孔底的稳定岩土体中，再将钢筋（或钢索）拉紧以至能产生一定的回弹力（即预应力），然后将钢筋（索）的另一端固定于岩土体或支挡结构表面，利用钢筋的回弹力压紧可能滑动的岩土体或支挡结构，以增大滑动面上的抗剪强度，从而达到提高岩土体或支挡结构稳定性的目的。

穿过边坡滑动面的预应力锚杆，外端固定于坡面，内端锚固于滑动面以内的稳定岩体中。锚固所施加的预应力改变了边坡岩体的受力状态和滑动面上力的不平衡条件，既提高了岩体的整体性，又增加了滑面上的抗滑力，从而达到加固边坡、提高稳定性的目的。

采用预应力锚杆加固岩体边坡，主要是利用了锚杆与岩体的共同作用，极大地改善了边坡岩体的稳定条件。首先，由于预应力的作用，使不稳定滑体处于较高围压的三向应力状态，岩体强度和变形特性比单轴压力及低围压条件下高得多；结构面的压紧状态，使结构面对岩体变形的消极影响得以削弱，从而显著地提高了岩体的整体性。其次，锚杆的锚固力直接改变了滑面上的应力状态和滑动稳定条件。

1.3.2.6 抗滑桩

抗滑桩通过桩身将上部承受的坡体推力传给桩下部的侧向土体或岩体，依靠桩下部的侧向阻力来承担边坡的下推力，而使边坡保持平衡或稳定。抗滑桩按照施工方法可分为打入桩、钻孔桩、挖孔桩，按照材料可分为木桩、钢桩、钢筋混凝土桩，按照截面形状可分为圆形桩、管形桩、矩形桩，按照桩与土体相对刚度可分为刚性桩和弹性桩，按照结构形式可分为排式单桩、承台式桩和排架桩。

抗滑桩桩长宜小于40m，对于滑面埋深大于25m、倾角大于40°的滑坡，采用抗滑桩阻滑时，应充分论证其可行性。当滑坡对抗滑桩产生的弯矩过大时，应采用预应力锚拉桩。采用矩形抗滑桩时应进行斜截面抗剪强度验算，以确定箍筋的配置。

抗滑桩在非煤露天矿山边坡治理工程中应用有其局限性，主要有以下原因：

（1）边坡高陡，且多为岩质边坡，抗滑桩开挖较为困难；

（2）露天矿山多并段开采，平台宽度设置一般小于6m，布桩困难，桩后被动抵抗能力有限；

（3）露天开采逐级向深部延深，抗滑桩有效支挡深度有限；

（4）长期受露天开采爆破震动影响，造成抗滑桩桩体周围岩体强度衰减，降低抗滑桩的抗滑移能力。

抗滑桩要求边坡滑面以下为稳定的基岩或密实的土层，能提供可靠的锚固力。抗滑桩的形状以矩形为主，矩形截面一般宽1.5～3.5m，长2.0～5.0m，其较窄一边应与岩土体滑动方向正交。抗滑桩按受弯构件设计。

抗滑桩不宜用在塑性流动性较大的土质边坡内。对于土质边坡，抗滑桩宜布置成一条直线，以减少桩间距，充分发挥土体自然拱作用;对于岩质边坡,利用岩体的整体性和有效传力特点,抗滑桩的排列可有一定的灵活性。可以适当选择滑面埋藏较浅、或下盘岩体完整、或易于施工的位置布置抗滑桩,但是要保证边坡抗力分布均匀,避免偏心力的作用。

抗滑桩一般为垂直布置,采用矩形断面,也有采用椭圆形断面的,其短轴方向与岩土体滑动方向正交;当滑动方向不甚确定时,可采用圆形断面。桩的直径或矩形截面短边一般为潜在滑体厚度的1/10左右,矩形截面一般宽 1.5~3.5m,长 2.0~5.0m。

1.3.2.7 土钉墙

土钉墙是一种原位土体加筋技术,是由设置在坡体中的加筋杆件与周围土体牢固黏结形成的复合体及面层构成的类似重力挡土墙的支护结构。土钉墙墙面坡度不宜大于 1:0.1,土钉必须和面层有效连接,应设置承压板或加强钢筋等构造措施,承压板或加强钢筋应与土钉螺栓连接或钢筋焊接连接。

土钉墙施工适用于地下水位以上人工填土、黏性土和松散结构土。基坑以 5~12m 高为宜,开挖坡面 60°~90°,尽可能缓些。土钉墙还适用于分层分段施工,每层高度取决于该土层不破坏的能力,砂性土 0.5~2.0m,黏性土与土钉间距相同,一般为 1~1.5m;开挖的纵向长度一般多用 10m。

与锚杆相比,土钉加固具有"短"而"密"的特点,是一种浅层边坡加固技术。两者在设计计算理论上有所不同,但在施工工艺上是相似的。

1.3.2.8 喷锚支护

锚喷支护是采用锚杆和喷射混凝土支护围岩的措施,20 世纪 60年代以来已被广泛采用。锚杆和喷射混凝土与围岩共同形成一个承载结构,可有效限制围岩变形的自由发展,调整围岩的应力分布,防止岩体松散坠落。它可用作施工过程中的临时支护,在有些情况下,也可以不必再做永久支护或衬砌。根据围岩的地质条件,可以采用多种支护形式:单独采用锚杆、单独采用喷射混凝土、锚杆结合喷射混凝土、锚杆和喷射混凝土并加设单层或双层钢筋网、锚喷加金属网并在喷层内加设工字钢等型钢做成肋形支撑。

　　喷锚支护对边坡尤其碎裂结构或散体结构边坡，具有良好的效果且费用低廉，但喷层外表不佳。喷锚支护中，锚杆起主要承载作用，面板用于限制锚杆间岩块的滑塌。喷锚支护中锚杆有系统加固锚杆与局部加强锚杆两种类型。系统加固锚杆用以维护边坡整体稳定，采用按直线滑裂面的极限平衡法计算。局部加强锚杆用以维持不稳定块体，采用赤平投影法或块体平衡法计算。

　　喷射混凝土应重视早期强度，通常规定一天龄期的抗压强度不应低于5MPa。喷射混凝土与岩面粘结力试验应遵守现行国家标准《锚杆喷射混凝土支护技术规范》（GB 50086—2011）的规定。

1.3.2.9 框架梁锚固

　　钢筋混凝土框架梁护坡是指在边坡上现浇钢筋混凝土框架或将预制件铺设于坡面形成框架，在框架的节点处用锚杆（管）来固定。一般而言该方法可适用于各类边坡，但由于造价高，仅在那些浅层稳定性差的边坡中采用。

　　采用经验类比与极限平衡相结合的方法进行设计，锚杆（管）须穿过潜在滑面1.5~2.0m，采用全粘结灌浆。

　　预应力锚索框架梁加固适用于那些稳定性很差的高陡岩石边坡，用锚杆不足以稳定坡面且不能将钢筋混凝土框架梁固定于坡面，此时采用预应力锚索，既固定框架梁又加固坡体。该法适用于必须用锚索加固的高陡岩石边坡，其边坡陡度大于1:0.5，高度不受限制。

1.3.2.10 抗剪洞和锚固洞

　　抗剪洞又称抗剪键，主要用于坚硬完整岩体内可能发生沿软弱结构面剪切破坏时的加固。洞体在滑面上下两盘内要有一定厚度与高度，形成短桩状，以避免剪切破坏和"滚轴"效应。要验算潜在滑体沿混凝土与岩体接触面发生绕过洞体剪切滑动的稳定性。

　　对于利用勘探洞和施工支洞，或与排水洞结合的锚固洞，应作为辅助措施对待，经抗弯、抗剪、抗拉计算验证后，与其他抗滑加固措施一起进入抗滑稳定分析计算。锚固洞适用于需要加固的坚硬、较完整的岩质边坡内。许多工程是利用已有的勘察洞或施工支洞经改造形成。锚固洞一般为水平或略向内侧倾斜，洞内浇筑钢筋混凝土，洞向平行滑动方向；有时为施工方便及保证质量，可向边坡内侧倾斜开挖成斜洞状。潜在滑面以外洞身长度大致等于该处滑体水平或沿洞轴向厚度。在较完整岩质边坡内，当施工是从内向外开挖时，洞身可不必达到地表。

为施工安全，许多锚固洞是从潜在滑面下盘完整岩体向外开挖形成的，穿越潜在滑面以后常常不能贯穿整个滑体，因此，对滑面下盘岩体情况的了解好于抗滑桩，而对滑体内情况的了解则不如抗滑桩。要注意对上盘岩体内次滑面的核算。

1.3.2.11　固结灌浆与注浆

固结灌浆是用液压或气压把能凝固的浆液注入物体的裂缝或孔隙中，以改变灌浆对象的物理力学性质，适用于以岩石为主的滑坡、崩塌堆积体、岩溶角砾岩堆积体及松动岩体。用灌浆管在一定的压力下，使浆液如水泥浆进入岩体裂缝中，一方面可以通过浆液的固结在破碎的或有贯通裂隙的岩体中形成稳定的骨架；另一方面还可以堵塞地下水的通道，并以浆液置换岩体裂隙中的地下水，这是一种间接的土岩硬化法。目的在于通过对崩滑堆积体、岩溶角砾岩堆积体及松动岩体注入水泥浆，以固结围岩或堆积体，从而提高其地基承载力，避免不均匀沉降。

固结灌浆可作为滑坡体滑带改良的一种技术。通过对滑带压力固结灌浆，从而提高抗剪强度及滑体稳定性。滑带改良后，滑坡的安全系数评价应采用抗剪断标准。使用这种方法之前必须准确了解滑动面的深度和形状，固结灌浆管必须下至滑动面以下一定深度。当滑带是渗透性极差的黏塑性土岩时，用固结灌浆法不会收到预期效果。固结灌浆前必须进行固结灌浆试验和效果评价，固结灌浆后必须进行开挖或钻孔取样检验。

1.3.2.12　爆破减震

靠帮的控制爆破是维护边坡稳定的重要措施，实践证明，露天开采过程中边坡的中小型滑坡60%是因为露天开采的靠帮爆破工艺不当造成的，同时，大区域的爆破还可诱发边坡深层大型滑坡，如攀钢石灰石矿、武钢大冶铁矿等，因此，临近边坡的控制爆破是大型露天开采必须掌握的工艺技术。

1.3.2.13　生态防护

利用生态防护的方式治理边坡既能美化环境又能巩固边坡，是一种重要的边坡治理手段。生态防护一般包括坡面绿色防护（铺草皮、种草、植树），柔性绿色支护（钢绳网被动防护、三维植被网、钢绳网主动防护、液压喷播植草）以及与其他护坡工程相结合等多种方法。这种方法一般适用于边坡不高、坡角不大的稳定边坡。

植被生态护坡的研究在发达国家起步较早。在中世纪，法国、瑞士的运河河岸就采用栽植柳树的方法来防护；美国于1936年在南加利福尼亚州的 Angeles Crest 公路边坡治理中就采用枝条篱墙进行防护。生态护坡技术在国内发展较晚，近年来随着高速公路的迅猛发展、人们对生态环境的重视及其自身的优越性，生态护坡技术在国内得到了较好的发展，基本上现在边坡治理都会或多或少采用一些生态绿化措施。

目前，在重大滑坡防治工程中主要采用预应力体系、抗滑桩墙体系、地表和地下排水体系、注浆改良体系、反压体系等技术。以下是我国近期在防治边坡工程中采用的几种新方法：

（1）把预应力锚索创新性地与抗滑桩相结合，形成新的抗滑结构预应力锚索抗滑桩，使桩 - 预应力锚索组成一个联合受力体系，用锚索拉力平衡滑坡推力，改变悬臂桩的受力机制，使桩的弯矩大大减小，桩的埋藏深度变浅，达到结构受力合理、降低工程费用、缩短工期的目的。据资料介绍，与普通抗滑桩比，它可节省投资60%、混凝土70%、钢材80%，经济效益十分显著。

（2）开发与应用滑坡内部加固的新型灌浆法。如采用旋喷注浆和钢花管注浆加固滑动带土，通过水泥浆液与岩（土）体混合、速凝，使滑体与滑面及滑床固结，改善滑动带土质特性，提高抗剪强度，从而达到稳定滑坡的目的。这种技术方法具有施工便捷、机械化程度高、劳动强度低等优点，与抗滑桩、墙被动支挡相比较，属于滑坡的主动加固。

（3）开发与应用格构锚固工法。与预应力锚索、长大锚杆相结合的现浇混凝土格子梁锚固工法，PC 格构锚固工法和 QS 框架工法都是近几年新开发的较重型的坡面支挡防护结构，可以提供较大的阻滑力。这些工法在近几年修建的公路边坡、滑坡的坡面治理中得到了广泛应用。

（4）开发与应用地下水排水技术。垂直排水钻孔与深部水平排水廊洞相结合的排水方法，近几年在大型滑坡治理当中得到较广泛的应用。地下排水能大大降低孔隙水压力，增加有效正压力，从而提高抗滑力，稳定滑坡的效果极佳。如湖北巴东的黄蜡石滑坡、南昆线八渡车站滑坡就采用了这种方法进行治理。

（5）预应力锚固技术经历 20 年的发展，取得了长足的进步，承载力越来越大，从数百千牛发展到 8000kN，在李家峡电站高边坡治理中锚索承载力达到 10000kN。预应力锚索最长达到 75m，防腐和可再拉张的锚索也进入实际应用。

1.4　边坡和排土场灾害预警方法的研究现状

灾害预警就是在事先不能知道灾难发生的情况下，对打击破坏的程度非常巨大、损失极其惨重，但也无可奈何，不能归咎于某个职能部门、专业机构或相关个人的自然或者非自然灾害进行预先监测、判断，从而在灾害来临的时候做出相应的警告。目前常用的灾害预警方法有危机预警方法、地质灾害预警方法和区域降雨型滑坡气象预警方法。

1.4.1　危机预警方法

危机的发生具有必然性，无论是企业危机还是经济危机，其发生均有一定的客观性。面对危机，最好的办法就是在危机发生之前进行事先的预警预控，把危机消灭在萌芽状态。

危机预警方法的分类主要有以下 3 种：

（1）指数预警。该类方法是通过制定综合指数来评价监测对象所处的状态，目前主要应用于宏观经济领域（如景气指数法），用来预测经济周期的转折点和分析经济的波动幅度。

（2）统计预警。该类方法主要通过统计方法来发现监测对象的波动规律，在企业预财务危机预警中应用很广泛，它的使用变量少，数据收集容易，操作比较简便，如多元判别分析法、Logistic 回归分析法等。

（3）模型预警。该类方法是通过建立数学模型来评价监测对象所处的状态，因而在监测点比较多、比较复杂时广泛应用，该类模型分为线性和非线性模型。主要经济变量之间有明确的数量对应关系时可用线性模型预警，非线性预警模型则对处理复杂的非线性系统具有较大的优势。

主要的危机预警方法对比如表 1-8 所示。

表 1-8 主要的危机预警方法

预警方法	具体方法	优点	缺点
Logistic 回归分析法	通过选择样本和定义变量进行描述性统计及简单指标检验，然后根据检验结果进行变量间的相关性分析，剔除高度相关的变量，在此基础上进行 Logistic 回归，然后选择最优概率阈值（分割点），阈值就是预警的临界点，对所得到的预测方法和效果进行检验，可以得到最终的可以信赖的模型分析	使用变量少，数据收集容易，操作比较简便	统计方法内的参数必须满足多元常态分配的假设（如正态）；对错误资料的输入不具有容错性，无法自我学习与调整；无法处理资料遗漏的状况；属于静态预警方法
基于人工神经网络（ANN）的预警评价方法	ANN 是在对大脑生理研究的基础上，用模拟生物神经元的某些基本功能组件（即人工神经元），按各种不同的联结方式组织起来的一个网络。其目的在于模拟大脑的某些机理与机制，通过事先不断地学习，可实现自学习的功能。人工神经网络模型主要是基于 BP 的神经网络模型。BP 神经网络可以实现输入与输出间的任意非线性映射，在模式识别、风险评价、自适应控制等方面有着最为广泛的应用，目前广泛应用于预警指标的评价	主要用于非线性的预警模型。对数据的分布要求不严格，具有自学习、自组织和自适应的特征，还兼备并行结构和并行处理、知识分布存储、容错性等优越性	BP 算法存在着自身的限制与不足，对于一些复杂的问题需要较长的学习时间，有时会使网络权值收敛到一个局部极小解，需要运用其他的改进方法

预警方法	具体方法	优点	缺点
智能预警支持系统（IEWSS）	IEWSS 是决策系统的一个重要分支，随着神经网络、案例推理、模糊推理、规则推理等技术逐渐进入预警领域，给智能化预警支持系统的知识表示和推理带来了新的理论和方法。案例推理首先对预警对象进行特征描述，根据这些特征，从案例库中检索相似案例，比较旧案例与新问题的异同之处，对旧案例进行调整，通过预警信息与案例库所存信息进行比较来达到预警的目的	可以进行定量、定性预警。案例推理具有记忆性，对同一个问题不用重复相同的预警过程，而且可以直接从案例库中得出结论	目前此种方法还处于不断完善之中，因为对很多预警对象的表现还认识不清
失败树（FCTA）预警法	FCTA 预警法是对已经发生的失败事件进行分析，此时失败事件的路径、源因素和失控条件相对而言是确定的，失败树的结构相对肯定和明晰。通过对大量失败实践总结，可从管理角度构建图示清楚的失败树	主要应用于工程预警。有利于传授失败预防知识	由于失败事件似难有规律可言，所以较难建立失败树

1.4.2 地质灾害预警方法

地质灾害是自然和人为导致地质环境或地质体发生变化，并给人类和社会造成危害的灾害事件，如崩塌、滑坡、泥石流、地裂缝、地面沉降、地面塌陷、岩爆和坑道突水等。随着世界人口的不断增长，人类活动的空间范围逐渐由平原向丘陵、山区等地质灾害易发区扩展，地质灾害给人类社会带来越来越严重的损失。因此，对地质灾害预报预警的研究成为当今社会的一个重要任务。

地质灾害预警方法主要有以下 5 种：

（1）现象监测预报法。地质灾害的发展、破坏、衰亡与生物圈各种物种演化一样，都有从累积到渐变的过程，有灾害孕育期、灾害成长期和灾害发生期。对于累积性灾害，在一定时间里灾害地质体均有明显的宏观变形，如地形变形迹、地声、动物异常、地下水宏观异常等宏观前兆，可以通过观测这些现象来预报。中国曾用这种方法成功预报了宝成线须家河滑坡。目前，常用的变形监测预报法也是基于宏观前兆的原理。变形监测一般包括地表变形监测和深部变形监测。

（2）数理统计预报法。随着人们对地质灾害研究的不断深入和计算机科学的发展，对地质灾害的研究开始定量化。各种数理统计方法都已相继被引入地质灾害问题的研究中，如单体型灾害预报中应用的回归分析、聚类分析、灰色系统理论、模糊数学，区域型灾害预报中的临界降雨量预报法、递进分析理论、层次分析法等。

（3）非线性系统理论预报法。因地质灾害体变形、演化规律的非线性和内外因素相互作用的非线性，所以地质灾害是一个复杂多变的非线性系统。地质灾害的发生是在一种确定性一般规律的基础上，由于受到外部因素的影响而变为一种随机规律。非线性系统科学中崭新的思维方法和理念为地质灾害预报提供新的突破点。应用非线性理论在地质灾害方面的研究很多，如非线性动力学模型（神经网络法）、分形分维预报理论、时间序列预报理论、突变理论预报模型、细胞自动机模型等灾害预报方法。人工神经元网络方法是目前被广泛应用的方法。运用神经元网络的方法可以避免传统方法中的主观性和假设条件，但需要适量的训练样本。

（4）地球内外动力耦合法。这种方法目前主要用于区域尺度的灾害预报。地质灾害是地球内外动力共同作用的结果，在内动力系统活跃地区，以外动力作用为主的地质灾害在不同程度上受到内动力作用的影响；在内动力系统活跃地区，外动力又是地质灾害的诱发因素。因此，应将内外动力作用耦合并建立统一的地质灾害动力学模型和评价预测模型。

（5）各种方法与3S技术的集成。3S技术是遥感技术（remote sensing，RS）、地理信息系统（geography information systems，GIS）和全球定位系统（global positioning systems，GPS）的统称，是空间技术、传感器技术、卫星定位与导航技术和计算机技术、通信技术相结合，多学科高度集成的对空间信息进行采集、处理、管理、分析、表达、传播和应用的现代信息技术。

1.4.3　区域降雨型滑坡气象预警方法

2003 年 6 月 1 日，国土资源部与中国气象局启动了降雨型突发地质灾害的预警预报工作，开创了我国区域降雨型滑坡预报预警的先河，取得了明显的社会效益。全国 31 个省（区、市）也相继开展了此项工作。采用的方法归纳如下。

1.4.3.1　地貌分析–临界降雨量模板判据法

应用地貌分析法，根据地形地貌格局、气候分带、地层岩性、地质构造、地质环境条件和降雨型滑坡、泥石流等地质灾害的发生情况进行预警区域划分。对每个预警区的历史滑坡泥石流事件和降雨过程的相关性进行统计分析，建立每个预警区的滑坡、泥石流灾害事件与临界过程降雨量的相关关系数值模型，确定滑坡、泥石流事件在一定区域暴发的不同降雨过程临界值（上限值、下限值），作为预警判据。结合地质环境、生态环境和人类活动方式、强度等指标进行综合判断，对未来 24h 降雨过程诱发地质灾害的空间分布进行预报或警报。地貌分析法划分预警区域是一种定性评价分析方法，该方法需要经验丰富的地质灾害专家才能得出可靠的结论。

1.4.3.2　气象–地质环境要素叠加统计法

根据地质概念模型，选取综合参数法（专家打分法、层次分析法）、信息量法、模糊综合评判法、神经网络法等方法，针对降雨型滑坡、泥石流灾害的空间评价预测，开发基于 GIS 的预警分析系统；利用预警分析系统，实现不同评价预警因子图层的叠加分析，形成滑坡、泥石流灾害气象预警区划图。

1.4.3.3　地质灾害致灾因素的概率量化模型

该方法认为，地形地貌、地层岩性、地质构造三大因素对地质灾害的发生起主导作用。首先根据经纬网对区域进行单元网格的划分，然后计算每个单元网格致灾因素的概率值。

地质灾害气象预报预警模型是以单元危险性概率值（H）为基础，与降雨诱发地质灾害的发生概率进行耦合，得出某一降雨范围内地质灾害发生的概率。

地质灾害发生概率模型为

$$T = \alpha H + \beta Y \qquad (1-1)$$

式中　T——预报概率；

　　　H——危险性概率；

　　　Y——降雨因素的发生概率；

　　　α——单元危险性概率占地质灾害发生概率权重；

　　　β——降雨诱发地质灾害的权重系数。

1.4.3.4　地质灾害预报指数法

该方法是云南省开展地质灾害气象预警所采用的方法。云南省地处青藏高原东缘，地震活动频繁，气象预报预警模型为

$$W = \begin{cases} KRZy, & \text{无地震影响或降雨影响大于地震影响时 } (y > m) \\ KRZ(y+1), & \text{地震影响与降雨影响相同时 } (y = m) \\ KRZm, & \text{地震影响大于降雨影响时 } (y < m) \end{cases}$$

$$\qquad (1-2)$$

式中　W——地质灾害预报指数；

　　　K——地质灾害周期系数；

　　　R——人为工程活动对地质环境的扰动系数；

　　　Z——地质灾害易发指数，是历史灾害强度（历史灾害规模、历史灾害密度）和滑坡影响因素（岩组类型、活动断裂、地形条件、植被条件）的函数；

　　　y——降雨作用系数；

　　　m——地震作用系数。

地质灾害预报指数 $1.25 < W \leq 1.5$ 时发生地质灾害的危险性较大，地质灾害预报指数 $1.5 < W \leq 1.95$ 时发生地质灾害的危险性大，地质灾害预报指数 $W > 1.95$ 时发生地质灾害的危险性很大。

1.4.3.5　降雨量等级指数法

该方法是福建省开展地质灾害气象预警所采用的方法。福建省地处我国东南沿海，连续降雨和暴雨发生的次数较多，在热带风暴（台风）的影响下经常发生强降雨过程，由降雨诱发的地质灾害占全省地质灾害总数的 95% 左右，是典型的气象耦合型灾害。因此，过程降雨量和降雨强度是福建省范围内地质灾害预报预警主要指标

之一。

由于边坡及排土场的主要灾害类型是滑坡和泥石流，因此边坡及排土场的灾害预警主要是针对滑坡和泥石流灾害预警，是一种包括预测到警报的广义"预警"过程，在时间精度上包括了预测、预报、临报和警报等多个层次。一次圆满的预警应包括空间、时间、强度这三个物理参量，且应该计算每个物理参量发生的概率大小（可能性大小），从而确定向社会发布的方式、范围和应急反应对策。

1.4.4 边坡和排土场灾害预警方法

目前，常用的边坡及排土场滑坡和泥石流灾害预警方法主要分类如表1-9所示。

表1-9 边坡及排土场滑坡和泥石流灾害预警的方法分类

分类方法	灾害预警方法	方 法 简 介
基于物理参量的预警分类	滑坡和泥石流灾害空间预警	在滑坡和泥石流灾害调查与区划基础上，比较明确地划定非确定时间内滑坡和泥石流灾害将要发生的地域或地点及其危害性大小
	滑坡和泥石流灾害时间预警	针对某一具体地域或地点（单体），给出滑坡和泥石流灾害在某一种（或多种）诱发因素作用下，将在某一时段内或某一时刻将要发生的预警信息
	滑坡和泥石流灾害强度预警	对滑坡和泥石流灾害发生的规模、暴发方式、破坏范围和强度等做出的预测或警报，是在时空预警基础上做出的进一步预警，是科学研究和技术进步追求的目标，也是目前研究工作的最薄弱环节
基于诱发因素的预警分类	基于气象因素的滑坡和泥石流灾害预警	基于滑坡和泥石流灾害的区域地质环境条件研究，可以预测一定区域滑坡和泥石流等灾害在降雨作用下发生的可能性。当得到该区域的降雨过程和降雨强度预报数据或等值线资料时，就可以进行滑坡和泥石流灾害的气象预警
	基于地震因素的滑坡和泥石流灾害预警	对地震做出预报，或地震发生后一定时间内，根据地震烈度等值线或地震动参数等值线做出该区域的滑坡和泥石流灾害预报
	基于人类活动干扰的滑坡和泥石流灾害预警	在人类对地球表层改造剧烈地区，如大坝、水库、矿山和交通工程建设地区，根据遥感和地面监控资料分析，发布人类活动干扰下的滑坡和泥石流灾害预警是必要的，对发展中国家更是急需的

分类方法	灾害预警方法	方 法 简 介
基于诱发因素的预警分类	基于多因素作用的滑坡和泥石流灾害预警	一个地点或一个区域滑坡和泥石流灾害事件的发生一般都是多因素综合作用的结果，只是常常表现为某个因素为主。基于诱发因素的滑坡和泥石流灾害预警，要追求建立气象、地震和人类活动等多因素的综合预警模型

我国地质和地理条件复杂，气候条件时空差异大，是地质灾害多发国家之一。地质灾害频繁发生，严重制约着许多地区的经济发展，每年都造成巨大的人员伤亡和财产损失。因此，合理地采用预报预警理论与方法，不仅可以及时发现灾害，并把其消灭在萌芽状态，而且对我国的可持续发展有着重要的意义。

1.5 边坡及排土场灾害应急救援系统的研究现状

1.5.1 应急救援系统研究现状

应急救援管理系统是以基础数据库及预案的编制为基础，以在突发事件发生时能快速响应、应用有限的应急资源、多个部门联合行动、高效处置、减少突发事件给人们的生命财产带来的损害为目标构建的。目前，我国对应急救援管理系统的研究多集中在煤矿。

中国矿业大学的周立对煤矿重大事故应急救援预案管理信息系统做了研究，针对传统的采用 C/S 结构的煤矿应急救援信息系统程序繁杂、存在着固有的安全隐患、效率低的缺点，通过对煤矿应急救援预案体系的研究，提出了一种基于 B/S 结构的系统设计及实现方法。该系统运行于微软.net 平台，以 SQL Server 2003 作为后台数据库服务器，用 ASP.net 编写 Web 服务器有关程序，以 ASP.net 组件 ADO.net 访问数据库，使得系统具有运行可靠、高效、查询方便、可扩展和易维护等特点。实际运用证明该系统具有一定的实用性和通用性。

中国矿业大学的王铃等在辽宁工程技术大学学报中发表了"煤矿应急救援指挥与管理信息系统"，针对煤矿事故应急预案，基于煤矿局域网环境开发了矿井应急资源管理、预案演练和救灾辅助指挥系统，该系统通过信息管理子系统实现对应急管理机构、救援物资、救护装备的自动化监控与管理；通过预案演练子系统不断提高煤矿的安全管理、应急响应和安全培训的效果；通过实时救灾指挥子系统辅助指挥员启动预案，提高应急救援响应的能力。实践证明本系统已经成为矿井应急资源管理、预案演练和救灾辅助指挥的重要手段。

国外在应急救援系统中运用 GIS 的研究较为早，而我国虽然研究时间较晚但运用程度较高。李树刚发表了"基于 GIS 的煤矿应急救援系统研究"，通过对系统功能的分析与设计、系统结构设计、系统数据库设计、系统面向对象的可视化设计的分析，较好地实现了图形与数据的结合，给用户提供了比较直观的信息表现形式，为煤矿安全生产、应急预案和事故救援的正确决策提供快速有效的信息支持。邵登陆发表了"基于 GIS 的煤矿灾害应急救援管理信息系统研究"，通过对地理信息系统和煤矿灾害应急救援技术的研究，利用管理信息系统原理和 MapX 控件，建立了可视化的煤矿灾害应急救援管理信息系统。该系统拥有内容丰富的数据库和知识库，将煤矿井下的巷道信息、井下危险源、工作面、避灾路线、灾害影响区域、通信与救灾设备分布等与矿井救灾密切相关的信息在地图上动态显示，还实现了远程互动救援，为煤矿灾害的预防和处理提供了强有力的技术支持，有利于提高煤矿企业的抗灾救火能力。万善福等发表了"基于 GIS 的矿井应急辅助决策支持系统研究"，通过对矿井突发事件应急决策的分析和地理信息系统的研究，指出了 GIS 技术应用于矿井应急决策中的巨大作用，构建了基于 GIS 的矿井应急辅助决策支持系统，以及内容丰富的矿井应急辅助决策数据和知识库。

樊玲发表了"基于层次分析法的 GIS 应急救援最优路径优化法"，开发了一个基于层次分析法的智能 GIS 救援系统。该系统能够在收到报警信息后，立即联系相关救援单位，并依据事故发生地周围道路交通情况，计算出一条最快到达事故发生地的路线，为决策者提供第一时间信息。

任学慧、王月滨发表的"海城市旅游安全预警与事故应急救援系统设计"建立了采用4S技术与TIS（旅游信息系统）进行无缝集成构建的旅游安全预警与应急救援系统，有效地处理突发性旅游安全事故，实现事故预防、应急处理、救援决策等功能的融合。4S包括地理信息系统（GIS）、全球定位系统（GPS）、三维可视化（VS)和专家系统（ES）。

谢迎庆等发表的"佛山市突发化学事故应急救援系统模型研究"采用 Borland C++语言的计算、作图和数据管理技术、动画和图像处理技术、DOS 中断的调用技术、大型软件各功能模块间通过数据流传递技术、综合性各种信息智能化处理技术等建立佛山市突发化学事故应急救援系统。该系统能对突发化学中毒事故进行定量危害评估，提出相应的应急救援预案和应采取的毒物应急救援方法措施，为事故现场指挥部门的决策提供科学的和系统的依据。

目前，应急救援系统在各个行业尤其是矿山已经逐步开展研究并推广应用。以下介绍几个较为典型的应急救援系统。

1.5.2 应急救援系统的应用

1.5.2.1 矿井灾害可视化应急救援系统

矿井灾害可视化应急救援系统是通过对矿井情况的全面了解和矿井灾害应急救援技术的研究，利用地理信息系统控件 MapX 建立的。系统拥有内容丰富的数据库和知识库，将井下危险源、工作面、避灾路线、灾害影响区域、通信设备分部等与矿井救灾密切相关的信息在地图上动态显示，并且将其属性信息与图形信息紧密结合，图文并茂，为矿井灾害的预防和处理提供有力的技术支持。

系统选用了功能强大的 SQL Sever 2000 作为后台数据库。先后建立了矿井情况数据库、主要灾害信息数据库、安全设备数据库、主要设备数据库、地图属性数据库以及救灾专家数据库和救灾设备数据库等。矿井灾害应急救援系统主要包括决策系统模块、矿井灾害模块、应急预案模块、灾害处理模块、法律法规模块和系统总控模块。系统的编写语言是 Visual Basic6.0，采用在技术上比较成熟而且有利于将来系统扩展的 C/S 结构。以管理员身份登录的用户可以实现系统的所有功能；以普通用户身份登录的用户只可以浏览本系统中的内容，不可以修改、添加。

1.5.2.2 城市突发事件应急救援管理系统

中小型城市应急管理系统是以计算机网络技术为基础，以应急救援反应迅速、处置到位为核心，建立的一个集 MVC 模式、AJAX 技术、SMS 技术及 GIS 技术于一体，准确、高效、全面、规范的应急救援管理系统。

基于 .net 的应急救援管理系统主要由五大子系统组成，分别是用户分级权限管理子系统、应急资源管理子系统、应急预案管理子系统、重大危险源监测预警子系统和应急联动指挥平台子系统。

应急资源管理子系统主要针对自然灾害、突发性事件中应急救援所需要的各类常用或专用应急物资、医疗物资及生活保障物资等的在线登记、查询统计、动态变更等管理。其中包括应急资源基础数据维护、应急资源计划管理、应急资源调度更新管理、应急资源管理等功能模块，核心功能模块为应急资源基础数据管理和应急资源管理。此子系统整合应急资源物资和设备统计报表，同 GIS 电子地图做好接口，以便在电子地图上全面、准确地反映区域内应急资源物资和设备的储备情况。

应急预案管理子系统涉及预案事务标准的建立、等级的设定、责任部门的落实、救援资源的调度、指挥机构及救援队伍的确定、应用相关经验值认知可能的次发事件及善后处理等相关流程和机制的制定，包括预案编制、预案管理和预案执行管理三个主要模块，其中主要包括预案的编制管理、审核修改、发布、查看、培训和演练等功能。

重大危险源监测预警子系统是用来对危险点或易发生突发事件点进行信息采集并跟踪管理。该子系统包括危险隐患普查及在线申报管理、危险隐患基础信息管理、危险隐患管理、移动终端灾情统计上报管理、危险隐患统计查询和危险隐患电子地图信息显示等功能。重大危险源监测预警子系统为最大限度地预防、减少突发事件的发生提供了保障。

应急联动指挥子系统充分集成了"指挥中心、视频、监控、短信、通信、GPS/GIS"等方面的应用，解决了多个部门管理间的数据孤岛问题，使原本离散的信息资源和数据库得以充分共享；而且由于采用的是统一的指挥平台，因此不同的应急部门和组织之间能够实现信息互通和应急救援方案的统一部署实施。

1.5.2.3 钻井事故灾害应急救援系统

钻井事故灾难应急救援系统（drilling emergency rescue system，简称 DERS）的建立可进一步增强油田企业应对和防范钻井事故风险和事故灾难的能力，最大限度地减少事故灾难造成的人员伤亡和财产损失。DERS 系统主要是为应急救援指挥机构提供信息资源共享，为应急救援提供快速响应和决策支持。该系统能够对事故信息全天候地做出快速反应，一旦发生事故，可以及时调度指挥抢险救灾，并可以从地理信息系统获得地理环境的各种要素及链接各类数据库，以数字、文字、图形、图像方式显示结果，提供迅速、准确的远距离地理空间信息和应急预案信息。

系统主要功能包括应急预案管理、救援资源管理、救援指挥调度、地理信息系统、网站信息管理、综合查询分析、系统管理、应急救援培训。

1.5.2.4 突发化学事故应急救援系统

化学中毒突发事故具有发生突然、扩散迅速、危害范围广、中毒途径多、救援工作复杂、政治影响大等特点，因此，化学中毒事故的应急救援和预防工作十分重要，建立专门机构、组建装备齐全能够迅速到达事故现场的专业队伍和能快速、简便地获得化学中毒突发事故现场处置技术的计算机模型是十分必要的。

突发化学事故应急救援系统是结合当地典型的化学危险品分布、常见事故类型、典型气象地理条件、医学救援等相关知识，建立相应的化学中毒突发事故危害效应评估模式，研究多种化学危险品的应急救援预案，为现场指挥决策提供科学数据和资料，以做好现场事故处理、伤员救护、人员安全疏散等工作，使经济损失和人员伤亡降到最低程度。

1.6 滑坡预警系统的研究现状

1.6.1 国内滑坡预警系统的研究现状

我国是滑坡灾害多发的国家，从 20 世纪 70 年代末到 80 年代初逐步建立起了一些滑坡数据库。滑坡数据库的发展紧随着数据库技术的发展，80 年代的关系数据库理论，至今仍是许多滑坡数据库建立的依据。滑坡研究中所面临的问题是庞大的数据量及多种多样错综复杂的相互关系，地理信息系统（GIS）为解决这些问题提供了可能。GIS 的整个结构体系由若干个互为独立的功能模块组成，这其中包括一些基本的空间分析工具，如区域叠加分析、缓冲分析、数字地面模拟分析等，但仅仅利用这些基本的工具进行滑坡预报是不现实的，这就需要结合具体的实际情况在基本的 GIS 平台上开发出与各种专业地学模型相结合的分析模块，如可以将信息量模型、专家打分模型等与基础 GIS 平台结合，将可视化显示与输出功能应用于滑坡的预报中。

中国香港是世界上最早研究降雨和滑坡关系、实施降雨滑坡气象预报的地区。Brand 等人（1984）认为香港地区的日均滑坡数量和滑坡伤亡人数与前期降雨量之间基本无关系可循，但与小时降雨量关系密切。小时降雨量 75mm 为灾难性滑坡的临界降雨量。同时，24h 日降雨量也可作为降雨滑坡的警戒指标，当 24h 日降雨量小于 100mm 时，滑坡发生的可能性很小；当 24h 日降雨量大于 200mm 时，严重的滑坡灾害肯定发生。据此研究结果，中国香港政府于 1984 年启动了滑坡预警系统。该预警系统启动以来，香港地区平均每年发布 3 次滑坡警报。

随着滑坡预测研究的进展以及经济发展的需要，进入 21 世纪以来，关于灾害预警及预警系统方面的文章逐渐增多，如陈百练等人的《基于 GIS 的地质灾害气象预警方法初探》、刘传正的《中国地质灾害气象预警方法与应用》、魏丽的《暴雨型滑坡灾害形成机理及预测方法研究》。1999 年，李长江等结合区域地质、水文地质、第四纪地质等方面的研究，提出了一种基于 GIS/ANN（人工神经网络 artificial nerve network）预警预报群发性滑坡灾害概率的方法。2002年浙江省国土资源厅信息中心根据浙江省1257个雨量观测站在1990~2001年期间记录的日降雨量数据，及同时期内609处滑坡、泥石流等灾害数据，通过对地质构造、地层岩性、土地利用类型、人口分布、降雨量分布、已知滑坡灾害点分布等资料的综合分析，开发出了集GIS与ANN于一体的区域群发性滑坡灾害概率预警系统（LAPS）。

1.6.2 国外滑坡预警系统的研究现状

目前，已有美国（Keefer等，1987）、日本（Fukuzono，1985）、巴西（Neiva，1998）、委内瑞拉（Wieczorek等，2001）、波多黎各（Larsen & Simon，1993）、英国、印度、韩国、澳大利亚、新西兰等国家和地区曾经或正在进行面向公众的区域性滑坡实时预报，预报精度有的可以达到以小时衡量。

国外典型滑坡预警系统概述如下。

1.6.2.1 美国的滑坡预警系统

旧金山湾滑坡实时预警系统于1985年正式建成。1986年2月12~21日，旧金山湾地区降雨800mm，美国地质调查局与国家气象局于1986年2月14日、17日分别出二次灾害警报，暴雨之后，研究人员调查了10处已知准确发生时间的滑坡、泥石流，与预测结果进行对比，发现其中8处与预报时间完全吻合。其余两处滑坡发生稍早或稍晚于预报时间。所以，从总体上看，美国对旧金山湾滑坡泥石流的实时预报是非常成功的。

旧金山湾地区滑坡、泥石流成功预报后，夏威夷州（Wilson等，1992）、俄勒冈州（Oregon Partners for Disaster Assistance，2002）和弗吉尼亚州（Wieczoic等，2000）分别于1992年、1997年和2000年在滑坡、泥石流频发区建立了类似的预报模型，并进行了数次实时预报。此外，美国地质调查局研究人员于1993年在加勒比海的波多黎各也建立了与旧金山湾类似的预报模型（Larsen & Simon，1993）。目前，美国地质调查局研究人员已经或正在加勒比海其他国家，如委内瑞拉、萨尔瓦多、洪都拉斯等，建立滑坡实时预警系统。

1.6.2.2　日本的滑坡预警系统

日本是一个多山的国家，山区面积占国土面积的80%，由于处于太平洋板块和亚欧板块的交界地带，构造活动较为活跃，从而使得滑坡灾害极为频繁。日本在20世纪70年代就开始研究地质灾害的预警预报，近年来，他们通过对降雨量的均衡试验研究，对由降雨引发的地质灾害所进行的预警系统以及预警判据的制作，已上升到一定的理论高度，并且在日本的福井县已付诸实施。

1.6.2.3　韩国的滑坡预警系统

韩国70%的国土由山地和丘陵组成，而且全年70%的平均降雨量（1300mm）集中在夏季，再加上冻融过程的交替等，都是滑坡灾害形成的自然原因。由于滑坡灾害日益严重，韩国政府于1995年开始引入滑坡预防系统，1998年CSMS（滑坡管理系统）正式贯彻实施，并建立了滑坡数据库，从2002年起，滑坡实时监测系统正式运行。滑坡实时监测系统主要运用光纤传感器、压力传感器、测斜仪和雨量计等对已有渐进滑动的边坡、未采取防御措施的较危险边坡、高度超过30m的边坡、位于重要文化聚集区以及国家公园内的边坡进行实时监测，以达到实时掌握危险边坡的动态，对滑坡灾害及时采取应急措施，保证道路顺通。

2 露天矿山边坡和排土场灾害 预警的基础理论

2.1 指标权重确定的基础理论

2.1.1 指标权重的确定方法

目前，指标权重的确定方法主要有主观赋权法和客观赋权法两种，如表2-1所示。主观赋权法是根据决策者对各项评价指标的主观重视程度来赋权的一种方法，其优缺点如表2-2所示。常用的有专家打分法（德尔菲法）、层次分析法（AHP）等，这些方法基于对各项指标重要性的主观认知程度，具有一定的主观随意性。客观赋权法是利用各项指标值反映的客观信息，如决策矩阵、平均值、方差或标准差等确定权重的一种方法，其优缺点如表2-3所示。主要有主成分分析法、熵值法、未确知有理数法等。客观赋权法能够反映指标自身的客观标准，但确定方法较为困难。

表2-1 指标权重的确定方法

确定权重方法	基本描述	优 点	缺 点	典型方法
主观赋权法	主观赋权法是一种定性分析方法，它基于决策者主观偏好或经验给出指标权重	体现了决策者的经验判断，权重的确定一般符合现实	没有考虑评价指标间的内在联系。无法显示评价指标的重要程度随时间的渐变性	专家打分法（德尔菲法）、层次分析法
客观赋权法	客观赋权法是一种定量分析方法，它基于指标数据信息，通过建立一定的数理推导计算出权重系数	有效地传递了评价指标的数据信息与差别	忽视了决策者的知识与经验等主观偏好信息，把指标的重要性同等化了，有时会出现权重系数不合理的现象	主成分分析法、熵值法、灰色关联分析法、模糊聚类分析法、未确知有理数法

表2-2 主观赋权法

赋权法	基本描述	优点	缺点
专家打分法（德尔菲法）	由专家依据指标的主观重要程度直接给出其权重	简便，直观性强，计算方法简单。适用范围较广，特别对一些定性的模糊指标仍可做出判断	在一定程度上都存在主观性，如专家选择不当则可信度更低。目标较多时很难做到客观、合理，而且也不容易保证判断思维过程的一致性
层次分析法	基本原理是根据问题的性质和目标，按照因素之间的相互影响和隶属关系分层聚类组合，由专家根据个人对客观现实的判断，对模型中每一层次因素的相对重要性给予定量标度，确定每一层次全部因素相对重要性次序的权值，通过综合计算各因素相对重要性的权值，得到相对重要性次序的组合权值	不需要具备样本数据，专家仅凭对评价指标内涵与外延的理解即可做出判断。因此，适用范围较广，特别对一些定性的模糊指标仍可做出判断，且在判断过程中可以吸纳更多的信息	判断矩阵的一致性问题是制约层次分析法应用的关键，而且在实践中，由于客观事物的复杂性，用准确的数据来描述相对重要性不甚现实

表2-3 客观赋权法

赋权法	基本描述	优点	缺点
主成分分析法	其思想就是从简化方差和协方差的结构来考虑降维，把多个指标化为少数几个主成分的统计分析方法，这些主成分能够反映原始指标的绝大部分信息	消除指标间信息的重叠；而且能根据指标所提供的信息，通过数学运算而主动赋权	所需样本数据较多。仅能得到有限的主成分或因子的权重，而无法有效获得各个独立指标的客观权重
熵值法	熵值法确定权重的依据来自指标数据，而不是指标本身。根据数据的无序程度确定权重，在信息论中，熵值反映了信息的无序化程度，可以用于度量信息量的大小。某项指标携带的信息越多，对决策的作用越大；熵值越小，表示系统的无序度越小	深刻反映了指标信息熵值的效用价值，其给出的指标权值有较高的可信度	缺乏各指标之间的横向比较，又需要样本数据，在应用上受到限制

赋权法	基本描述	优 点	缺 点
模糊聚类分析法	基于样本模糊数据的相似性，对评价指标群体做出相对重要程度分类	适用于模糊指标的重要程度分类，特别适用于同一层次有多项指标时	缺点是只能给出指标分类的权重，而不能确定单项指标的权重
未确知有理数法	基于未确知数学理论，通过建立评估指标重要性程度的未确知有理数，有效减小了专家主观性对权重量化结果的影响	确定权重的方法不需要对指标进行两两比较，防止了新的不确定性引入，可进一步减少计算过程中的主观性影响，与层次分析法相比计算过程大为简化，结果也更加切合实际	应用较少

主观赋权法和客观赋权法各有优缺点。主观赋权法简便但对评价人员的经验要求较高，且容易受到他们的知识与经验等主观偏好影响；客观赋权法能有效地传递评价指标的数据信息与差别，评价结果客观、科学，但有时会出现权重系数不合理的现象。因此，根据各种指标权重确定方法的适用范围和优缺点，本书采用主观赋权法和客观赋权法相结合的方法确定指标的权重。

灾害预警短期指标权重的确定采用改进的层次分析法和未确知有理数法相结合的方法，将两种方法有机结合起来，得到更加科学合理的短期指标权重。

改进的层次分析法最大的特点就是能满足一致性要求，不需要另行检验。传统的层次分析法在进行矩阵一致性检验时，如果判断矩阵不具有一致性，就破坏了层次分析法方案优选排序的主要功能，还须重新构造、计算，直到通过为止，且计算量大、精度不高。

专家根据自身知识和经验对指标重要性做主观判断时，专家意见的未确知性带来了判断的不确定性。未确知有理数法通过建立评估指标重要性程度的未确知有理数，可以最大限度地减小权重确定过程中的主观随意性，使所得评估结论更加科学、合理。

中长期预警指标权重的确定采用基于粗糙集理论的专家打分法，这种方法结合主观经验和客观数据，有效降低了预警指标权重的偏差。粗糙集理论完全从实际数据出发，挖掘数据中隐含的知识，揭示客观的内在规律，不受任何主观因素的影响，因此得出的结论更客观，也更具有实际意义。把粗糙集理论应用到预警指标权重确定中，通过对实测数据的计算得到了影响边坡和排土场稳定性的主要因素和次要因素，从而为边坡加固工作提供一些依据。

2.1.2　G1 法的基本原理

2.1.2.1　传统的层次分析法

层次分析法（analytic hierarchy process，简称 AHP）是 20 世纪 70 年代初美国著名运筹学家匹兹堡大学教授 T. L. Saaty 提出的一种定性分析与定量分析相结合的系统分析方法。其基本原理是：首先将问题层次化，即将问题分解为不同的组成因素，按照因素间的相互关系和隶属关系将其分层聚类组合；然后对各层的因素进行对比分析，引入 1～9 比率标度法构造出判断矩阵，通过求解判断矩阵的特征向量得到各因素的相对权重；最后计算待选方案相对于最终目标的相对重要性排序，通过权重分析，找出其所对应的各因素的排序。

传统的层次分析法的判断矩阵采用 1～9 比率标度法，在实际使用中专家的主观因素占主导地位，会使评判结果产生偏差。另外在进行矩阵一致性检验时，如果判断矩阵不具有一致性，就破坏了层次分析法方案优选排序的主要功能，还须重新构造、计算，直到通过为止，且计算量大，精度不高。早在 1992 年郭亚军教授就提出了一种简明、科学、实用的决策分析方法——G1 法，它通过对 AHP 进行改进，避开了 AHP 中的缺点。该方法与构造判断矩阵相比有许多非常突出的优点，G1 法无须构建判断矩阵，也就无须进行一致性检验，从其原理就保证了指标间的一致性关系。鉴于以上原因，本书引入 G1 法。

2.1.2.2 G1 法的基本理论

运用 G1 法一般分为三个步骤。

第一步：确定同一层次指标的序关系。

定义 1 若评价指标 X_i 相对于某评价准则（或目标）的重要性程度大于（或不小于）X_j，则记为 $X_i > X_j$。

定义 2 若评价指标 X_1，X_2，$\cdots$，X_m 相对于某评价准则（或目标）具有关系式

$$X_i > X_j > \cdots > X_k \quad (i, j, \cdots, k = 1, 2, \cdots, m)$$

则称评价指标之间按 " > " 确定了序关系。

对于评价指标集 $\{X_1, X_2, \cdots, X_m\}$，可按照下述步骤建立序关系：

（1）专家（或决策者）在指标集 $\{X_1, X_2, \cdots, X_m\}$ 中选出认为是最重要（关于某评价准则）的一个（只选一个）指标，记为 X_1；

（2）专家（或决策者）在余下的 $m-1$ 个指标中，选出认为是最重要（关于某评价准则）的一个（只选一个）指标，记为 X_2；

$\vdots$

（k）专家（或决策者）在余下的 $m-(k-1)$ 个指标中，选出认为是最重要（关于某评价准则）的一个（只选一个）指标，记为 X_k；

$\vdots$

（n）经过 $m-1$ 次挑选剩下的评价指标记为 X_m。

这样，就唯一确定了一个序关系。对于某些问题来说，仅仅给出了序关系还不够，还要确定出各评价指标相对于某些评价准则（或目标）的权重系数。

第二步：确定相邻指标之间的相对重要性程度。

设专家关于相邻评价指标 X_{k-1} 与 X_k 的重要性程度之比 ω_{k-1}/ω_k 的理性判断分别为

$$r_k = \omega_{k-1}/\omega_k \quad (k = m, m-1, m-2, \cdots, 3, 2)$$

r_k 的赋值可参考表 2-4（比例标度）。

表 2 - 4 　r_k 赋值参考

r_k	说　明
1.0	指标 X_{k-1} 与指标 X_k 具有同样的重要性
1.2	指标 X_{k-1} 比指标 X_k 稍微重要
1.4	指标 X_{k-1} 比指标 X_k 明显重要
1.6	指标 X_{k-1} 比指标 X_k 强烈重要
1.8	指标 X_{k-1} 比指标 X_k 极端重要
1.1, 1.3, 1.5, 1.7	对应以上两两相邻指标判断的中间情况

关于 r_k 之间的数值约束，有下面的定理。

定理 1 　若 X_1，X_2，$\cdots$，X_m 具有序关系 $X_i > X_j > \cdots > X_k$ 则 r_{k-1} 与 r_k 必满足

$$r_{k-1} > 1/r_k \quad (k = m, \ m-1, \ m-2, \ \cdots, \ 3, \ 2)$$

第三步：权重系数 ω_k 的计算。

定理 2 　若专家（或决策者）给出 r_k 的理性赋值满足关系

$$r_{k-1} > 1/r_k \quad (k = m, \ m-1, \ m-2, \ \cdots, \ 3, \ 2)$$

则 $\omega_m = \left(1 + \sum_{k=2}^{m} \prod_{i=k}^{m} r_i\right)^{-1}$ 且 $\omega_{k-1} = r_k \omega_k$ （$k = m$，$m-1$，$m-2$，$\cdots$，3，2）。

证明：因为 $\prod_{i=k}^{m} r_i = \omega_{k-1}/\omega_m$，对 k 从 2 到 m 求和，得 $\sum_{k=2}^{m} \prod_{i=k}^{m} r_i$ = $\sum_{k=2}^{m} \omega_{k-1}/\omega_m$，因 $\sum_{k=1}^{m} \omega_k = 1$，得 $1 + \sum_{k=2}^{m} \prod_{i=k}^{m} r_i = \omega_m^{-1}$，故得 $\omega_m = \left(1 + \sum_{k=2}^{m} \prod_{i=k}^{m} r_i\right)^{-1}$，证毕。

2.1.3　未确知有理数法的基本原理

2.1.3.1　未确知有理数的概念

对任意闭区间 $[a,b]$，$a = x_1 < x_2 < \cdots < x_p = b$，若函数 $\varphi(x)$ 满足

$$\varphi(x) = \begin{cases} \alpha, & x = x_t (t = 1,2,\cdots,p) \\ 0, & \text{其他} \end{cases}$$

且 $\sum\limits_{t=1}^{p} \alpha_t = \alpha$，$0 < \alpha \leqslant 1$，则称 $[a,b]$ 和 $\varphi(x)$ 构成一个 p 阶未确知有理数，记作 $[[a,b],\varphi(x)]$，称 α、$[a,b]$ 和 $\varphi(x)$ 分别为该未确知有理数的总可信度、取值区间和可信度分布密度函数。

设未确知有理数 $A = [[x_1,x_k],\varphi_A(x)]$，其中

$$\varphi_A(x) = \begin{cases} \alpha, & x = x_i(i = 1,2,\cdots,k) \\ 0, & \text{其他} \end{cases}$$

且 $0 < \alpha_i \leqslant 1$，$\alpha = \sum\limits_{i=1}^{k} \alpha_i \leqslant 1$，则未确知有理数 A 的数学期望值计算式为

$$E(A) = \left[\left[\frac{1}{\alpha} \sum_{i=1}^{k} \alpha_i x_i, \frac{1}{\alpha} \sum_{i=1}^{k} \alpha_i x_i \right], \varphi'_A(x) \right]$$

式中

$$\varphi'_A(x) = \begin{cases} \alpha, & x = \dfrac{1}{\alpha} \sum\limits_{i=1}^{k} \alpha_i x_i \\ 0, & \text{其他} \end{cases}$$

2.1.3.2 未确知有理数确定权重原理

对于不确定信息，用一个区间及该信息在区间上的信度分布（未确知有理数）来表示会比用确定的实数表示更全面也更符合实际情况。鉴于此，权重计算模型的首要任务是构筑评估指标重要性程度的未确知有理数，其原理是：设有 m 位专家对排土场滑坡的 n 个影响因素进行重要性评价，通过评价得到 m 位专家关于 n 个指标的估计值，将同一指标 j 取值相同的信度值乘以专家权重值（归一化）后分别加以合并，可得指标 j 的重要性未确知有理数：

未确知有理数：$A_j = [[x_1,x_q],\varphi_j(x)]$ $(j = 1,2,\cdots,n)$

$$\varphi_j(x) = \begin{cases} \bar{\alpha}, & x = w_l(l = 1,2,\cdots,q) \\ 0, & \text{其他} \end{cases}$$

式中 $[x_1,x_q]$ ——指标重要性取值区间；

$\quad\quad \varphi_j(x)$ ——指标重要性值可信度分布密度函数；

$\quad\quad \bar{\alpha}$ ——指标 j 的重要性取值相同的专家的信度和。

该未确知有理数的数学期望值 $E(A_j)$ 属于一阶未确知有理数，显然，x 仅在一点处可信度不为零，这个不为零的点即预警指标 j 相

应的权重值。

2.1.3.3 专家可信度的量化方法

对专家的可信度进行量化，选取可信度较高的专家的评判结论作为处理对象。专家的选取对评价结论起着至关重要的作用，因此要对专家的权威性，也就是对可信度进行计算。专家的可信度可以从职称、工龄、学历三方面进行衡量，专家可信度量化标准如表 2 – 5 所示。

表 2 – 5　专家可信度量化标准

因　素	权重 r_i	等　级	分值 s
职称	5	教授或研究员	0.9
		副教授或副研究员	0.6
		讲师及其他	0.3
工龄	3	>20	0.9
		10 ~ 20	0.6
		<10	0.3
学历	2	博士	0.9
		硕士	0.6
		本科及其他	0.3

专家可信度权重的计算公式为：

$$r = \sum_{i=1}^{3} r_i s \Big/ \sum_{i=1}^{3} r_i$$

首先，选取 10 位专家对边坡预警指标的重要性进行评判，选取的专家的基本情况如表 2 – 6 所示。

表 2 – 6　专家基本情况

专　家	职　称	工　龄	学　历
专家 1	教授	21	博士
专家 2	教授	16	博士
专家 3	教授	9	博士
专家 4	副教授	11	博士
专家 5	副教授	10	博士
专家 6	副教授	9	博士

专　家	职　称	工　龄	学　历
专家 7	副教授	9	博士
专家 8	副教授	8	博士
专家 9	副教授	7	博士
专家 10	副教授	5	博士

根据表 2 - 5 计算 10 位专家的可信度权重，选取可信度得分较高的 5 位专家评判结果作为处理对象。专家可信度权重计算如下：

专家 1 的可信度权重：$r = \sum_{i=1}^{3} r_i s \Big/ \sum_{i=1}^{3} r_i = (5 \times 0.9 + 3 \times 0.9 + 2 \times 0.9)/10 = 0.9$

专家 2 的可信度权重：$r = \sum_{i=1}^{3} r_i s \Big/ \sum_{i=1}^{3} r_i = (5 \times 0.9 + 3 \times 0.6 + 2 \times 0.9)/10 = 0.81$

专家 3 的可信度权重：$r = \sum_{i=1}^{3} r_i s \Big/ \sum_{i=1}^{3} r_i = (5 \times 0.9 + 3 \times 0.3 + 2 \times 0.9)/10 = 0.72$

专家 4 的可信度权重：$r = \sum_{i=1}^{3} r_i s \Big/ \sum_{i=1}^{3} r_i = (5 \times 0.6 + 3 \times 0.6 + 2 \times 0.9)/10 = 0.66$

专家 5 的可信度权重：$r = \sum_{i=1}^{3} r_i s \Big/ \sum_{i=1}^{3} r_i = (5 \times 0.6 + 3 \times 0.6 + 2 \times 0.9)/10 = 0.66$

专家 6 的可信度权重：$r = \sum_{i=1}^{3} r_i s \Big/ \sum_{i=1}^{3} r_i = (5 \times 0.6 + 3 \times 0.3 + 2 \times 0.9)/10 = 0.57$

专家 7 的可信度权重：$r = \sum_{i=1}^{3} r_i s \Big/ \sum_{i=1}^{3} r_i = (5 \times 0.6 + 3 \times 0.3 + 2 \times 0.9)/10 = 0.57$

专家 8 的可信度权重：$r = \sum_{i=1}^{3} r_i s \Big/ \sum_{i=1}^{3} r_i = (5 \times 0.6 + 3 \times 0.3 +$

$2 \times 0.9)/10 = 0.57$

专家 9 的可信度权重：$r = \sum_{i=1}^{3} r_i s \Big/ \sum_{i=1}^{3} r_i = (5 \times 0.6 + 3 \times 0.3 + 2 \times 0.9)/10 = 0.57$

专家 10 的可信度权重：$r = \sum_{i=1}^{3} r_i s \Big/ \sum_{i=1}^{3} r_i = (5 \times 0.6 + 3 \times 0.3 + 2 \times 0.9)/10 = 0.57$

根据各个专家的可信度权重，选取专家 1、专家 2、专家 3、专家 4、专家 5 共五位专家的评判结果为处理对象。根据五位专家的可信度权重，经过归一化处理，得到五位专家的权重值分别为 0.24、0.22、0.19、0.17、0.17。

2.1.4 粗糙集理论的基本原理

粗糙集理论是由波兰华沙理工大学的 Pawlak 教授于 20 世纪 80 年代初提出的一种研究不完整、不确定知识和数据的表达、学习、归纳的理论方法。粗糙集理论体现了"用数据说话"的理念，粗糙集仅仅是利用数据处理信息，由于具有不需要先验知识的特点，粗糙集在很多领域得到了成功的应用，例如专家系统、人工智能和模式识别等。权重确定是粗糙集理论的核心内容之一，权重确定不仅直接影响决策的结果，还直接影响最终的评价，因此具有至关重要的作用。

粗糙集理论是一种处理不确定性问题的数学工具，它依靠知识库中的知识对论域中对象进行分类，以描述的问题作为出发点，用粗糙集理论中的不可分辨关系来确定所描述问题的上下近似域，进而挖掘出集合对象中内在规律来解决问题。与其他处理类似问题的理论相比，粗糙集不需要提供任何先验知识，避免了主观因素的影响。下面简要介绍粗糙集理论涉及的一些概念。

2.1.4.1 粗糙集的定义

记 U 为非空集有限论域，令 $X \subseteq U$，R 为 U 上的一个等价关系。当 X 能用某些 R 基本范畴的并表达时，称 X 是 R 可定义的，否则，称 X 是 R 不可定义的。R 可定义集可在知识库 K 中精确地定义，它是论域的子集，而 R 不可定义集不能在知识库中定义。R 可定义集也称作 R 精确集，R 不可定义集也称 R 粗糙集。当存在等价关系 $R \in \text{ind}(K)$ 且 X 为 R 精确集时，集合 $X \subseteq U$ 称为 K 中的精确集；当对任何 $R \in \text{ind}(K)$，X 都为 R 粗糙集，则 X 称为 K 中的粗糙集。

2.1.4.2 信息系统

粗糙集理论中的知识表达方式一般采用信息系统的形式，一个信息系统 S 是一个系统 (U, A)，其中 $U = \{u_1, u_2, \cdots, u_{|U|}\}$ 是有限非空集，称为论域或对象空间，U 中的元素称为对象；$A = \{a_1, a_2, \cdots, a_{|A|}\}$ 也是一个非空有限集，A 中的元素称为属性；对于每个 $a \in A$，有一个映射 $a: U \rightarrow a(U)$，且 $a(U) = \{a(U) \mid u \in U\}$ 称为属性 a 的值域。一个信息系统可以用一个信息表来表示，当没有重复元组时，信息表是一个关系数据库。如果 $A = C \cup D$，$C \cap D = \phi$，则信息系统 (U, A) 为一个决策表，其中 C 中的属性称为条件属性，D 中的属性称为决策属性。

2.1.4.3 上近似，下近似

设给定集合 X 和 Y，又设 P 和 Q 是分别定义在 X 和 Y 上的不分明关系（近似于等价关系）。设 $R \subseteq XY$ 是 XY 上任意二元关系，又设 $I = PR$ 是不分明关系的积，则 R 的 I-上近似和 I-下近似分别被定义如下：

$$I^*(R) = \{(x,y) \in XY : I((x,y) \cap R) \neq \phi\}$$
$$I_*(R) = \{(x,y) \in XY : I((x,y) \subseteq R)\} \quad (2-1)$$

上近似和下近似的差为 $BN_I(R) = I^*(R) - I_*(R)$，称为 R 的边界线正域。

下近似又称为 R 的 I 正区域，被记成 $\text{POS}_I(R) = I_*(R)$，它是如此一些个体元素的集合，这些元素完全属于 X 的成员。

2.1.4.4 不可分辨关系

设论域为 U，P 为条件 C 的一个子集，则由 P 决定的不可分辨关系 $\text{ind}(P)$ 为

$$\text{ind}(P) = \{(x,y) \in U \times U / \forall a \in P, f(x,a) = f(y,a)\}$$
$$(2-2)$$

式中，$f(x,a)$ 表示论域元素 $x \in U$ 关于属性 a 的取值；不可分辨关系 ind(P) 构成了对论域 U 的一个分类，记作 U/ind(P)。

2.1.4.5 知识约简

知识约简是粗糙集理论的核心内容。众所周知，知识库中知识（属性）并不是同等重要的，甚至某些知识是冗余的。所谓知识约简，就是在保持知识库分类能力不变的条件下，删除其中不相关或不重要的知识。

设 R 是一个等价关系族，$r \in R$。如果 ind(R) = ind($R - \{r\}$)，则称 r 在 R 中是可被约去的知识；如果 $P = R - \{r\}$ 是独立的，则 P 是 R 的一个约简。

2.1.4.6 属性重要性

令 P 和 Q 分别为条件属性 C 和决策属性 D 的一个子集，则

$$K = \gamma_P(Q) = \frac{|\text{POS}_P(Q)|}{|U|} \tag{2-3}$$

式（2-3）表示知识 Q 是 K 度依赖于知识 P 的，记为 $P \Rightarrow_k Q$。其中：$|U|$ 表示 U 的基，即 U 中元素的个数；同理，$|\text{POS}_P(Q)|$ 表示 $\text{POS}_P(D)$ 中元素的个数。属性子集 $C_i \subseteq C$ 关于 D 的重要性定义为：$\sigma_D(C_i) = \gamma_C(D) - \gamma_{C-C_i}(D)$，$\sigma_D(C_i)$ 的值越大，表明相应属性的重要性越大；反之，重要性越小。

2.2 预警方法的基础理论

2.2.1 可拓理论

2.2.1.1 物元理论

物元是可拓学中独有的概念，它是由事物、特征以及对应特征的量值构成的三元组。

人、事、物统称为事物，每个事物都有各自不同的特征，而每一特征可用相应的量值来表示。事物的名称、特征和量值是描述事物的基本要素，称物元三要素。用符号 N 表示事物的名称，简称物，事物的全体记为 $L(N)$。

特征是指事物性质、功能、行为状态以及事物间关系等征象。

事物的特征可分为功能特征、性质特征和实义特征三类。实义特征如长、宽等。特征用 c 表示，特征的全体记为 $L(c)$。

量值是对事物某一特征的数量、程度或范围定量的具体刻画，量值用符号 v 表示，特征 c 的取值范围称为它的量域，记为 $L(v)$。

事物的名称 N、特征 c 和量值 v 是物元 R 的三要素，物元 R 可用式（2-4）表示。

$$R = (N, c, v) \qquad (2-4)$$

如果事物 N 具有 n 个特征 c_1, c_2, $\cdots$, c_n 和相应的 n 个量值 v_1, v_2, $\cdots$, v_n, 称 R 为 n 维物元，可用式（2-5）表示。

$$R = (N, c_i, v_i) = \begin{bmatrix} N & c_1 & v_1 \\ & c_2 & v_2 \\ & \vdots & \vdots \\ & c_n & v_n \end{bmatrix} \qquad (2-5)$$

物元理论是可拓学中一个非常重要的概念，它把事物、特征和量值放在一个统一体中，在处理问题时同时兼顾质与量两方面因素。通过物元的变换来反映事物的变化，并以形式化的语言描述这种变化，方便推理和计算。

2.2.1.2 可拓集合

集合是描述人脑思维对客观事物分类和识别的数学方法。它是现代逻辑学的基础之一。1883 年，德国人 Cantor 提出了集合论（康托尔集）作为经典数学的基础。1965 年，美国人 Zadeh 提出了模糊集合的概念。经典集用 0、1 这两个数字来表征对象是否属于某一集合，描述事物的确定性概念，只考虑元素在集合"内"与"外"的关系；模糊集用 [0, 1] 区间中的某一个数字来表征事物具有某种性质的程度，描述事物的模糊特性，在顾及"内、外"的同时还考虑到了元素属于集合的程度，即隶属度。继经典数学和模糊数学之后，我国学者蔡文原创的可拓学以其独特的描述优势和解决矛盾问题的能力获得了快速发展，与此相对应，可拓集合的概念被提出，拓展了康托尔集和模糊集的描述范围，用（$-\infty$, $+\infty$）的实数来定量、客观地描述事物具有某种性质的程度及其量变与质变的过程，用可拓域来描述事物"是"与"非"的相互转化，在描述状态和度量的基础上，进一步把事物的可变性纳入描述范围，扩展了数学语言描述客观事物的范围。表2-7是三类数学模型的比较分析。

表2-7　三类数学模型的比较分析

比 较 点	经典数学模型	模糊数学模型	可拓数学模型
研究对象	精确问题	模糊问题	矛盾问题
集合基础	康托尔集合	模糊集合	可拓集合
对象函数	特征函数	隶属函数	关联函数
取值范围	$\{0, 1\}$	$[0, 1]$	$(-\infty, +\infty)$

可拓学中，对可拓集合的定义如下：设 U 为论域，若对 U 中任一元素 $u \in U$，都有一实数 $K(u) \in (-\infty, +\infty)$ 与之对应，则称

$$\tilde{A} = \{(u, y) \mid u \in U, y = K(u) \in (-\infty, +\infty)\} \quad (2-6)$$

为论域上的一个可拓集合，其中 $y = K(u)$ 为 $\tilde{A}$ 的关联函数，$K(u)$ 为 u 关于 $\tilde{A}$ 的关联度。称

$$A = \{u \mid u \in U, K(u) \geqslant 0\} \quad (2-7)$$

为 $\tilde{A}$ 的正域。称

$$\overline{A} = \{u \mid u \in U, K(u) \leqslant 0\} \quad (2-8)$$

为 $\tilde{A}$ 的负域。称

$$J_0 = \{u \mid u \in U, K(u) = 0\} \quad (2-9)$$

为 $\tilde{A}$ 的零界。由于矛盾问题的解决过程是以物元模型描述的，因此，我们要研究元素为物元的可拓集合。

2.2.1.3　关联函数

由上节分析可知，可拓集合是用关联函数来刻画的，关联函数的取值范围是整个实数轴，其中，$K(u) \geqslant 0$ 表示 $u \in \tilde{A}$ 的程度，$K(u) \leqslant 0$ 表示 $u \notin \tilde{A}$ 的程度，$K(u) = 0$ 则表示 u 既属于 $\tilde{A}$ 又不属于 $\tilde{A}$。

A　距的概念

在可拓学中，为了描述类内事物的区别，规定了点 x 与区间 $X_0 = \langle a, b \rangle$ 之距。

设 x 为实轴上的一点，$X_0 = \langle a, b \rangle$ 为实域上的任一区间，称

$$\rho(x, X_0) = \left| x - \frac{a+b}{2} \right| - \frac{b-a}{2} \qquad (2-10)$$

为点 x 与区间 X_0 之距。其中 $\langle a, b \rangle$ 可为开区间，也可为闭区间，还可为半开半闭区间。对实轴上的任一点 x_0，有

$$\rho(x, X_0) = \left| x - \frac{a+b}{2} \right| - \frac{b-a}{2} = \begin{cases} a - x_0, & x_0 \leqslant \dfrac{a+b}{2} \\ x_0 - b, & x_0 \geqslant \dfrac{a+b}{0} \end{cases} \qquad (2-11)$$

这里距的概念与经典数学中距离的概念稍有不同，$\rho(x, X_0)$ 与经典数学中点与区间之距 $d(x, X_0)$ 的关系为：

当 $x \in X_0$ 且 $x \neq a$、b 时，$\rho(x, X_0) < 0$，$d(x, X_0) = 0$；

当 $x \notin X_0$ 或 $x = a$、b 时，$\rho(x, X_0) = d(x, X_0) \geqslant 0$。

距的概念的引入，可以把点与区间的位置关系用定量的形式精确刻画。当点在区间内时，经典数学中认为点与区间的距离都为 0，而在可拓集合中，利用距的概念，可以描述出点在区间内的不同位置。

B 简单关联函数

在客观实际中，有时为了表示基本要求的区间和质变的区间相同，这时可用简单关联函数来表示事物符合要求的程度。

设 $X = \langle a, b \rangle$，$M \in X$，则定义简单关联函数为：

$$k(x) = \begin{cases} \dfrac{x-a}{M-a}, & x \leqslant M \\ \dfrac{b-x}{b-M}, & x \geqslant M \end{cases} \qquad (2-12)$$

当 $M = \dfrac{a+b}{2}$ 时，$k(x)$ 在 M 处达到最大。

$$k(x) = \begin{cases} \dfrac{2(x-a)}{b-a}, & x \leqslant \dfrac{a+b}{2} \\ \dfrac{2(b-x)}{b-a}, & x \geqslant \dfrac{a+b}{2} \end{cases} \qquad (2-13)$$

C 初等关联函数

设 $X_0 = \langle a, b \rangle$，$X = \langle c, d \rangle$，$X_0 \subset X$，且无公共端点，则称

$$k(x) = \frac{\rho(x, X_0)}{\rho(x, X) - \rho(x, X_0)} \qquad (2-14)$$

为 x 关于区间 X_0、X 的初等关联函数，该函数的最大值在区间的中点。若 X_0 和 X 有公共端点 x_p，对于一切 $x \neq x_p$，则初等关联函数为

$$k(x) = \begin{cases} \dfrac{\rho(x, X_0)}{\rho(x, X) - \rho(x, X_0)}, & \rho(x, X) - \rho(x, X_0) \neq 0 \\ -\rho(x, X_0) - 1, & \rho(x, X) - \rho(x, X_0) = 0 \end{cases} \qquad (2-15)$$

2.2.2　神经网络

2.2.2.1　神经网络的概念

人工神经网络，简称神经网络，是由大量简单的处理单元——人工神经元（artificial neuron）互相连接组成的一个高度非线性、并行的自适应的信息处理系统。神经网络旨在模仿人脑或生物的信息处理系统，是对人脑功能的一种模仿与简化，具有学习、记忆、联想、类比、计算以及智能处理的能力，是现代神经科学研究与工程技术相结合的产物。神经网络理论的开创与发展，对智能科学和信息技术的发展产生了重大的影响和积极的推动作用。

1943 年美国神经生理学家 McCulloch 和 Pitts 提出了第一个神经网络模型——M-P 模型，开创了微观人工智能的研究工作，奠定了人工神经网络发展的基础。经过几十年的发展，人工神经网络已经在理论研究和工程应用方面取得了丰富的科研成果。

2.2.2.2　神经网络的功能

神经网络是通过对人类大脑结构和功能的模拟建立起来的一个非线性、自适应的高级信息处理系统。它是现代神经科学研究与工程技术应用相结合的产物，通过对大脑的模拟进行信息处理。神经网络因其本身大规模的并行分布式结构和较好的学习能力以及由此延伸而来的泛化能力，而具有强大的计算功能。神经网络具有非线性、并行分布/处理、容错性及自适应性等显著特点。

A　非线性

神经网络的单个处理单元——人工神经元可以是线性或非线性的，但是由此互相连接而成的神经网络本身却是非线性的。此外，

非线性是一种分布于整个网络的特殊性质。因此，神经网络具有非线性映射能力，且理论研究已经表明一个三层的神经网络能够以任意精度逼近非线性系统。

B　并行分布/处理

神经网络是为模拟大脑的结构和功能而建立的一种数学模型，大量的人工神经元相互连接组成一个高度并行的非线性动力学系统。神经网络中信息的存储体现在神经元之间互相连接的并行分布结构上，进而使得信息的处理采用大规模的并行分布方式进行，即神经网络中信息的存储和处理是在整个网络中同时进行的，信息是分布在网络的所有单元之中，而不是存储在神经网络中的某个局部。一个神经网络可以存储多种信息，而神经元连接权值中只存储多种信息的一部分。神经网络的内在结构的并行分布方式，使得信息的存储和处理在空间与时间分布上均是并行的。神经网络中的数据及其处理是全局的而不是局部的。

C　容错性

神经网络善于联想、概括、类比和推广，加之神经网络信息存储和处理的并行特性，使得神经网络在以下两个方面表现出较好的容错性。一方面，由于网络的信息采用分布式存储，分布在各个神经元的连接权值之中，当网络中某一神经元或连接权值出现问题时，局部的改变将不会影响网络的整体非线性映射。这一点，与人的大脑中每时每刻都有神经细胞的正常死亡和分裂，但不会影响大脑的整体功能相类似。另一方面，当网络的输入信息模糊、残缺或不完整时，神经网络能够通过联想、记忆等实现对输入信息的正确识别。

D　自适应性

自适应性是指神经网络能够通过改变自身的某些性能以适应外界环境变化的能力。自适应性是神经网络的一个重要特性。神经网络的自学习能力表现在，神经网络通过一段时间的学习和训练后，当外界环境发生改变，即网络的输入变化时，能够自动调整网络的结构和参数，从而给出期望的输出。可以在学习过程中不断地完善自身，具有创新的特点。而其自组织特性则表现在，神经网络在接收外部激励后可以根据一定的规则通过对网络权值的调整以及神经元的增减来重新构建新的神经网络。神经网络不仅可以处理各种变化的信息，而且在其学习阶段可以根据流过网络的外部和内部信息对自身的连接权值（结构）进行调整，从而改变网络本身的非线性动力学特性，适应外界环境的变化。

2.2.2.3 神经网络的结构

人工神经网络的研究主要包括两方面，即人工神经网络结构的研究和人工神经网络学习算法的研究。

神经元之间按照一定的规则连接成网络，以实现神经网络的信息处理、记忆及学习等功能。神经网络的结构，是决定神经网络功能的一个至关重要的因素。神经元之间的连接方式可以是任意的，因此神经网络的结构是多种的。常见的网络结构有前馈神经网络和反馈神经网络。

A 前馈神经网络

在前馈神经网络中，各个神经元接收前一层神经元的输出作为自己的输入，将自己的计算结果输出并传送至下一层作为其输入。前馈神经网络既可以是单层，也可是多层。如图 2-1 所示即为一个三层前馈神经网络。该神经网络有一个输入层、一个隐含层和一个输出层。

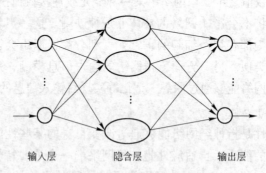

输入层　　　隐含层　　　输出层

图 2-1 前馈神经网络模型

B 反馈神经网络

反馈神经网络，又称递归神经网络，与前馈神经网络最大的区别是神经元之间的连接至少存在一个回路，即反馈环。因此，反馈神经网络是指连接中存在环路的神经网络。反馈神经网络模型图如图 2-2 所示。

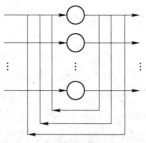

图 2-2 反馈神经网络模型

2.2.2.4 Matlab 神经网络工具箱简介

Matlab 是美国 MathWorks 公司出品的商业数学软件，用于算法开发、数据可视化、数据分析以及数值计算的高级技术计算语言和交互式环境，主要包括 Matlab 和 Simulink 两大部分。它的主要功能包括数值分析、工程与科学绘图、控制系统的设计与仿真、数字图像处理、数字信号处理及通信系统的设计与仿真等。Matlab 软件提供的神经网络工具箱，可以方便地调用里面用 Matlab 语言编写的神经网络的函数和命令，从而解决了大量矩阵等计算问题，可以自由地创建网络、设定参数，对网络进行训练和检验。

本书建立的基于 RBF 神经网络边坡滑坡预警模型，在编程的时候需要用到 Matlab 神经网络工具箱中许多 RBF 网络工具函数，部分基本函数如表 2-8 所示。

表 2-8 RBF 神经网络相关函数与功能

序号	函数名称	功 能
1	dist	计算向量间的距离函数
2	ind2vec	将数据索引向量变换成向量组
3	vec2ind	将向量组变换成数据索引向量
4	newgrnn	建立一个广义回归径向基函数神经网络
5	newpnn	建立一个概率径向基函数神经网络
6	newrb	建立一个径向基函数神经网络
7	newrbe	建立一个严格的径向基函数神经网络
8	radbas	径向基传输函数
9	simurb	径向基函数神经网络仿真函数
10	solverb	设计一个径向基函数神经网络
11	solverbe	设计一个精确径向基函数神经网络

2.2.3　案例推理

案例推理（case - based reasoning，CBR）技术起源于美国耶鲁大学罗杰·沙克（Roger Schank）教授于 1982 年提出的以记忆组织包（memory organization packets）为核心的动态记忆理论（dynamic memory theory），被认为是人工智能领域中最早的关于 CBR 的思想，它解决问题是通过重用或修改以前解决相似问题的方案来实现的。他提出：“基于案例的推理是在概念的基础上，而不是在结果的基础上，来组织信息的。”这也就是说，案例推理的目的并不是仅仅要得出一个用户需要的结果，它最主要的功能应该是要通过检索出相似的案例，为人们解决新问题提供一些启发，开阔决策者的思路以及知识面，同时也提高决策者进行决策的科学性，使他们的决策更有依据。毕竟，最终是由人来做决定，而不是机器。案例推理由 Kolodne 在 1982 年通过计算机实现，其基本思想是把记忆的问题（源范例）与当前所面临的问题（目标范例）相联系，通过目标范例的提示获得记忆中的源范例，并由源范例来指导目标范例的求解。案例推理技术自提出以来，在规划、设计、医学、故障诊断、预测预报等领域获得了相当的成功。

2.2.3.1　案例推理的基本原理

案例推理方法指的是回忆以前曾经发生过的案例，这些案例中有一些是比较成功的。通过比较新旧问题的相似性及差异，根据以前成功解决的案例对当前问题进行调整之后再使用，以解决当前问题。案例推理系统是一个开放的系统，便于用户进行维护，有较快的推理速度，并且案例推理系统具有增量式学习功能，这使得系统内的案例逐渐增多，推理的效果也会越来越好，对传统推理方法是一个较大的改进。

CBR 方法是人工智能领域中的重要推理方法，它将先前解决问题的经验与当前需要解决的问题联系起来，把需要解决的新问题称为目标案例，而过去解决过的问题及其描述称为源案例。目标案例与源案例之间存在相似性时就产生了相似结构，其推理过程就是依赖于这种相似性。案例推理的典型过程可以看做一个 4R（Retrieve、

Reuse、Revise、Retain）的推理过程，即案例检索、案例重用、案例修改和调整、案例学习四个步骤，如图2-3所示。

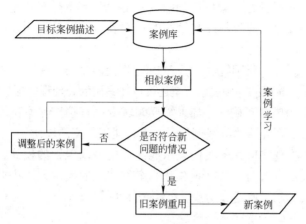

图2-3 案例推理的流程

一个待解决的新问题就是目标案例，把目标案例输入到案例库中，对案例库进行检索，检索出与目标案例最相似的源案例，如果源案例的情况与目标案例的情况一致，那么将源案例的解决方案提交给用户；反之，则调整与案例相对应的源案例的解决方案，如果用户对新的解决方案满意，则将方案直接提供给用户，如果不满意还需要继续调整；最后对于用户满意的解决方案进行学习，将其保存到案例库中。

2.2.3.2 案例的表示方法

案例知识的表示是案例推理系统的重要组成部分，一个系统的好坏在很大程度取决于案例库的丰富性和有效性。为了将现实世界的案例通过计算机加以应用，必须要对其抽象化，将案例表示成计算机可以识别的形式。一般说来，案例表示的最好方法是将案例的性质和求解方法紧密结合起来。一个典型的案例应该包括问题域描述、解决方案、方案实施效果等内容。问题域描述是指描述案例发生时的客观世界状态，如初始条件及周围情境的描述；解决方案是指案例发生时所采取的应对策略或者方案；方案实施效果是指该种策略或者方案实施后的效果评价，如是否获得成功等内容。

案例表示研究的主要内容是寻找表达能力强且便于处理的案例表示方案。因此，对案例表示方案有以下三个基本要求：

（1）可扩充性。案例推理的过程是一个不断扩充和完善案例库中案例的过程，便于修改和扩充的案例表示方案对案例推理来说至关重要。

（2）简单、可理解性。复杂的案例表示不便于理解，也不便于修改和扩充，简单的案例表示方案还可以使案例的处理程序更加简单。

（3）清晰、正确性。如果需要领域专家直接操作案例库中的案例，那么清晰、明确的案例表示方案将便于专家的操作。

为了将现实世界的案例表示成计算机可以识别的模式，需要采用案例表示方法对其进行抽象化。案例知识的表示方法主要有产生式表达法、语义网络表达法、框架表达法等。

A　产生式规则表示方法

这是一种最常用的表示方法，具有如下的形式语句：

"如果……条件，那么……动作。"

运用产生式规则的一个基本思想是从初始的事实出发，用模拟或匹配技术寻找合适的产生式，如果代入已知事实后使某种产生式的前提条件为真，则这个产生式可以作用到这种事实上，即产生式被激活，从而推出新的事实，以此类推，直到得出结论。这种方法结构简单、表达自然、逻辑性强，但是由于规则的堆积存储，缺乏组织且缺乏结构化手段；产生式表示法无法有效地描述结构复杂的事物。

B　语义网络表示法

语义网络被用来描述基于网络结果的知识表示方法，它最初是作为研究人脑的心理学模型提出的。语义网络由节点和描述节点关系的弧连接而成，其中节点表示目标、概念或事件，弧可根据表示的知识来定义。其结构如图 2-4 所示。由于应用领域及

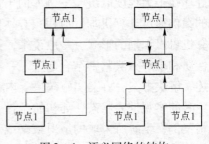

图 2-4　语义网络的结构

应用目的不同，许多语义网络的描述方案也不同，目前还没有一组简单的、适合各种语义网络的统一原则。

C 框架表示法

框架表示法是美国人工智能学者明斯基（M. L. Minsky）在1975年提出的，其基本思想是：人类记忆和使用知识时，通常是把有关的一些信息组织在一起形成一个知识单元——框架。框架可以从多个方面、多重属性而且可以采用嵌套结构分层地对一个实体进行描述，一个领域的框架系统反映了实体间固有的因果模型。框架表示法具有结构化表示的特点，其对知识的描述高度模拟了人脑对实体多方面、分层次的存储结构，直观自然，易于理解。一个框架由框架名和一组槽组成，每个槽表示对象的一个属性，槽的值就是对象的属性值。一个槽可以由若干个侧面组成，每个侧面可以有一个或多个值，侧面的值也可以是其他框架，即允许嵌套，如图2-5所示。

```
〈框架名〉
    〈槽 1〉〈侧面 11〉〈值 111〉…
          〈侧面 12〉〈值 121〉…
                    ⋮
          〈侧面 1m〉〈值 1m1〉…
    〈槽 2〉〈侧面 21〉〈值 211〉…
          〈侧面 22〉〈值 221〉…
                    ⋮
          〈侧面 2m〉〈值 2m1〉…
                    ⋮
    〈槽 n〉〈侧面 n1〉〈值 n11〉…
          〈侧面 n2〉〈值 n21〉…
                    ⋮
          〈侧面 nm〉〈值 nm1〉…
```

图 2-5 案例的框架层次结构

2.2.3.3 案例的检索方法

案例检索的效率是案例推理方法的核心，检索结果的优劣直接影响系统的好坏。案例检索与一般检索（如 Web 搜索、数据库检索）有很大的区别，这种检索是在特定的案例中查找类似的历史经验，它需要在给定的领域内通过一定标准对案例进行分类。因此案例特征的抽取是关键问题。同时它也有一些自己的特点：带有一定的不精确性或模糊性；从各个角度去比较案例之间的相似性，进行相似度的计算。案例检索需达到以下三个目标：检索出来的案例应该尽可能的少；检索出来的案例应尽可能地与当前案例（目标案例）相关或相似；检索案例的时间要短、速度要快。目前案例检索主要有要素检索策略、最近相邻策略、归纳推理策略、知识引导策略等，其中，最近相邻法（KNN）是应用最广泛的方法，选择何种案例推理策略是 CBR 推理过程中最为重要的部分，推理策略不同，得到新问题的解也不同。现将其做个简单的基本介绍。

A　要素检索法

要素检索法是一种确定性检索方法，具体就是通过对要素设定一些条件，根据要素的匹配关系判别是否符合条件，给出一些事故案例，可以分为单要素检索和多要素联合检索。如根据危险化学品的名称检索类似的事故案例，属于单要素检索；如不但检索某种危险化学品，还要检索在某种生产工艺设备上的事故案例，则需要采用多要素联合检索。

B　最近相邻法

最近相邻法是指用户从案例库中找出与当前情况距离最近的案例的方法。首先，为案例的每一个要素指定一个权重值，检索案例的时候就可以根据输入案例中各组成成分的权重值与案例库中各属性的匹配程度，求得其权重值的和，然后根据这个和与案例中的各属性的匹配程度的远近来组织相应的案例进行检索，这种检索是综合考虑多种因素，给出最接近的案例。

C　归纳推理法

归纳推理法是从案例的各特征中归纳确定出索引特征，不断地从案例的各组成部分取最能将该案例与其他案例区别开来的成分，并根据这些成分将案例组织成一个类似一个判别网络的层次结构，检索时采用判别搜索策略，利用类似决策树的学习算法进行。在检索目标有明确定义，且每种目标类型均有足够的例子时使用归纳推理法。

D 基于知识的方法

基于知识的方法是尝试利用现存的有关案例库案例的知识时，确定检索案例时哪些特征是重要的。并根据这些特征来组织和检索，这使得案例的组织和检索具有一定的动态性。它分为基于解释的索引方法与基于模型的索引方法，它们都利用了某种因果性的知识来进行检索。

案例检索是关键，只有检索算法能成功、高效地处理成千上万案例时，CBR 才能得到广泛的应用。上面的几种检索方法都有优缺点，研究新的检索方法，使多种检索方法有效地结合在一起，使之取长补短是 CBR 检索方法的研究方向。本书研究了基于欧氏距离和 RBF 神经网络的 CBR 检索方法。

CBR 应用成功与否的前提是案例检索过程得到的相似案例应该尽可能好。由于案例检索是在相似比较的基础上进行的，要检索到相似的案例就要依靠相似的定义和计算方法。因此，相似度的定义很重要，讨论两个案例的相似，要涉及两个方面：案例的各个属性的不同属性值间的相似性；从整个案例的整体上看，由各属性值的相似综合而成整体相似。对于相似度计算，通常的方法是取两个案例相应属性的相似度的加权和为两个案例的相似度。这里只讨论数值属性的相似度，对应数值属性而言，常把距离和相似度联系在一起，一般是通过距离来定义相似度，通常把属性值相似度都统一规定在 [0，1] 区间范围内。

在案例检索方法中，传统的、目前用得最多的相似度计算方法是采用欧氏距离，通过欧氏距离计算目标案例与排土场源案例间的相似程度。欧氏距离的计算公式为：

$$d_{iT} = \left\{ \sum_{h=1}^{n} W_h \left[V_i(h) - V_T(h) \right]^2 \right\}^{1/2} \qquad (2-16)$$

式中　d_{iT}——排土场的目标案例 T 与排土场的源案例库中第 i 个案例之间的欧氏距离，d_{iT} 越小，说明它们之间越相似；

　$V_i(h)$——排土场的源案例库中第 i 个案例的第 h 个属性的值；

n——属性总数;

$V_T(h)$——目标案例 T 的第 h 个属性的值;

W_h——属性 h 的权重。

为使源案例与目标案例相似取值范围限制在 0 ~ 1 之间, 可将基于欧氏距离的检索算法的相似度定义为

$$sim = \frac{1}{1 + d_{iT}} \qquad (2-17)$$

2.2.3.4 案例的修正

通常检索到的源案例与目标案例的相似度不可能为 1, 即目标案例与源案例不可能完全匹配, 因此, 要对这个检索出的最相似源案例进行修正和调整, 以便找到目标案例的解决方案。

CBR 案例的调整和修正是 CBR 中的一个难点, 很多的 CBR 推理也仅仅停留在检索阶段, 很多成功的 CBR 系统都是将案例的修正与调整工作留给使用者来完成的。考虑到案例的调整与修正实现起来比较困难, 所以很多 CBR 系统常常回避这个问题。

目前, 没有统一规定的普遍适用的方法来进行案例的调整与修正, 主要原因是 CBR 与所涉及的领域知识密切相关。根据案例调整和修正的操作者不同, 案例调整和修正的主要方法包括"计算机自动调整"和"用户人为调整"两种方法。

"计算机自动调整"主要是根据预先设定好的一些规则和策略, 对检索出的相似案例进行调整和修改来匹配目标案例。

"用户人为调整"主要是使用者根据自身的实际要求对相似案例进行调整和修改, 这里多借助领域专家联合完成, 领域专家经验丰富, 可以对新案例中具有的案例特征属性进行追加并对特征项的内容进行修改。

2.2.3.5 案例的学习

CBR 案例的学习是案例库中不断增加新案例和完善旧案例的过程。最初的案例库中的案例很有限, 需要在使用中不断将新的有推理意义的案例加入案例库中, 以便积累经验。然而, 有些案例基本相似或相同, 如果都加到案例库中, 将导致案例库的庞大和冗余, 因此, 必须对加到案例库中的案例进行学习。CBR 案例的学习通常

包括成功学习和失败学习两种。

案例的成功学习是案例推理的成功和案例库的学习。案例推理的成功是经过案例的调整与修正，源案例中的解决方案可以作为目标案例的解决方案提供给用户。案例库的学习包括不增加案例和增加案例两种情况，当案例库中检索出的源案例与目标案例的相似度大于设定的阈值 a 时，那么案例库中不增加新案例。反之，则目标案例作为新案例增加到案例库中。

案例的失败学习是案例推理的不成功和案例库的学习。案例推理的不成功是通过案例库的检索，检索出来的源案例与目标案例的相似度低于设定的阈值 b，源案例的解决方案不适合目标案例的解决方案。案例库的学习同样包括不增加案例和增加案例两种情况，如果领域专家能够给出新案例的解决方案，则目标案例作为新案例加入到案例库中；反之，不增加目标案例。

需要注意的是：CBR 案例学习中的阈值 a 和 b 是领域专家预先给定的，对于不同的 CBR 应用领域，a 和 b 的值不是固定的。

2.3 灾害应急救援的基础理论

2.3.1 灾害应急救援体系的构成

应急救援体系是针对各类可能发生的事故和所有危险源制定各类应急预案，并按照预案要求从组织机构、应急队伍、装备等方面建立的职责明确、运行有序、合理科学处置高效的应急救援运行体系。一个完整的应急体系应由组织体制、运作机制、法制基础和应急保障系统四部分构成。

组织体制包括管理机构、功能部门、应急指挥和救援队伍四部分。管理机构是指维持应急日常管理的负责部门；功能部门包括与应急活动有关的各类组织机构，如公安、医疗等单位；应急指挥包括应急预案启动后，负责应急活动场外与场内指挥系统；而救援队伍则由专业和志愿人员组成。

应急活动一般划分为应急准备、初级反应、扩大应急和应急恢复四个阶段，应急机制与这些应急活动都密切相关。应急运作机制主要由统一指挥、分级响应、属地为主和公众动员四部分组成。

法制建设是应急体系的基础和保障，也是开展各项应急活动的依据，与应急有关的法规可分为四个层次：一是由立法机关通过的法律；二是由政府颁布的规章；三是包括预案在内的以政府令形式颁布的政府法令、规定等；四是与应急救援活动直接有关的标准或管理办法。

应急保障系统包含四方面内容，首先是应急信息通信系统，该系统要保证所有预警、报警、警报、报告、指挥等活动的信息交流能够快速、顺畅、准确地进行，以及信息资源共享；物资与装备不但要保证有足够的资源，而且还一定要实现快速、及时供应到位；人力资源保障包括专业队伍加强和志愿人员以及其他有关人员的培训教育；应急财务保障应建立专项应急科目，如应急基金等。

根据应急救援体系的四部分结构，边坡、排土场灾害应急救援体系的内容如图 2-6 所示。

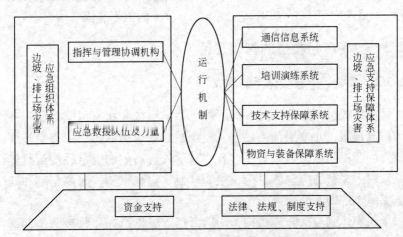

图 2-6 边坡、排土场灾害应急救援体系结构

2.3.1.1 组织体系

组织体系是事故应急救援体系的基础之一。由图 2-6 可以知道，一个完整的边坡、排土场灾害应急救援组织体系包括指挥与管理协调机构和应急救援队伍两个方面。

A 指挥与管理协调机构

无论各个露天矿山生产企业的管理体制、职能部门如何设置，基层单位如何划分，事故应急救援组织体系均应包括应急处置所涉及的各级管理层、所有职能部门和基层单位。例如水厂铁矿，其边坡、排土场灾害应急处置所涉及的职能部门的职责如下：

（1）应急救援指挥部。指挥部的职责是组织实施事故应急救援工作，主要由应急总指挥、副总指挥和成员单位构成。总指挥由生产副矿长担任，其职责主要包括组织制订应急预案，签署应急预案；决定是否启动应急预案和终止应急等工作。副总指挥包括工程师室主任、生产科科长、安全科科长、机动科科长、保卫科科长、办公室主任。其职责主要包括负责全厂应急救援工作的现场组织和指挥；协助总指挥工作；总指挥不在抢险救援现场时，代替总指挥履行总指挥职责。

（2）成员单位。成员单位包括工程师室、办公室、生产科、安全科、机动科、保卫科、政工科、筑排车间、事故单位等。其各自职责如下。

工程师室：负责灾害事故的原因分析；负责破坏区域地形、范围等技术数据的测量收集工作；负责分析边坡、排土场破坏事件造成设备及其人员伤害的原因，并按照"专业负责"的原则，牵头组织事故调查分析，并对责任者进行处理；负责制定合理有效的抢险救援措施，以最大限度恢复采矿生产，并组织制定预防事故发生的措施。

生产科：负责及时组织采矿设备远离排土场破坏危险区域；协调各成员单位的抢险救援工作，组织抢险物资、设备、车辆、人员的调度，采取措施防止事故扩大，同时通过矿调度室全面协调好与公司、其他有关厂矿的关系；负责组织采矿生产的恢复工作；负责及时向生产处总调度室汇报。

机动科：负责被破坏设备设施的技术状况鉴定，出据鉴定材料，并负责设备设施损失情况的汇总；负责损坏设备设施的修复方案制订，并组织落实；负责制定应急救援物资供应保障预案；组织抢险救援器材和物资的调配。

保卫科：负责事故区域的警戒和交通管制，有关人员的紧急疏散、撤离，并阻止事故无关人员进入警戒区域。

安全科：组织开展事故调查处理，确定事故伤亡人数和伤亡人员的姓名、身份，并负责伤亡事故的工伤处理和统计上报；负责应急救援指挥部的日常工作，并监督检查相关单位应急救援演练；参加制定预防事故发生的控制措施。

筑排车间：积极组织抢险所需工程车辆到达事故现场，并按照指挥部统一安排参加抢险。

政工科：在事故救援指挥部的指导下，负责接待新闻媒体工作；配合有关部门做好现场救护、善后处理工作。

事故单位：负责向指挥部提供事故现场的人员、设备、材料设施、抢险疏散路径及周边情况的资料、图纸；各专业人员配合指挥部各职能组工作，为事故现场提供应急照明、车辆等必要的抢险救援设备和物资；协助事故调查工作。

办公室：负责外事协调工作。

B 应急救援队伍及力量

除了指挥与管理协调机构之外，还需要应急救援队伍来负责事故现场的救生、控险、排险等工作。例如水厂铁矿，其边坡、排土场灾害应急指挥部下设应急救援专业组的职责如下：

（1）救援组：负责指导抢险、伤员的搜救、抢救伤员等工作。该组由现场抢险队组成，由工程师室、生产科负责。

（2）安全疏散组：负责对现场区域人员进行防护指导、人员疏散和物资转移工作。该组由事故单位相关人员组成，由安全科、保卫科负责。

（3）现场警戒组：负责布置安全警戒，禁止无关人员和车辆进入危险区域。该组由保卫科、事故单位相关人员组成，由保卫科负责。

（4）物资供应组：负责抢险现场应急照明、物资的供应和采购工作，组织车辆运送抢险物资。该组由生产科、机动科物资供应专业、事故单位负责。

（5）专家咨询组：负责对事故应急救援提出救援方案和安全防

范措施，为现场救援工作提供技术咨询。该组由工程师室、安全科、机动科、保卫科、事故单位技术人员组成，由安全科、工程师室、生产科负责。

(6) 新闻接待组：在指挥部的指导下负责新闻媒体接待工作。该组由政工部负责。

(7) 事故调查组：负责协助政府职能部门调查事故原因。该组由保卫科、安全科、机动科、生产科、工程师室、事故单位组成，由保卫科、安全科负责。

(8) 事故善后工作组：负责事故后人员、设备、区域的善后工作，该组由事故单位、办公室负责。

(9) 生产恢复组：负责事故后的生产恢复工作，该组由生产科、机动科、事故单位及相关单位组成，由生产科负责。

2.3.1.2 运行机制

边坡、排土场灾害应急管理机制始终贯穿于事故应急准备、初级反应、扩大应急和应急恢复等应急活动中，涉及事故应急的运行机制众多，但最关键、最主要的是统一指挥、分级响应、事故企业为主和员工动员四个机制。

统一指挥是应急活动的最基本原则。应急指挥一般可分为集中指挥与现场指挥，或场外指挥与场内指挥几种形式，但无论采用哪一种指挥系统都必须实行统一指挥的模式；尽管应急救援活动涉及单位的行政级别高低和隶属关系不同，但都必须在应急指挥部的统一组织协调下行动，有令则行，有禁则止，统一号令，步调一致。

分级响应是指在初级响应到扩大应急的过程中实行分级响应的机制。扩大或提高应急级别的主要依据是事故灾难的危害程度、影响范围和控制事态能力，而后者是"升级"的最基本条件。扩大应急救援主要是提高指挥级别，扩大应急范围等。

事故企业为主是强调"第一反应"的思想和以现场应急现场指挥为主的原则，要充分发挥企业的自救作用。

员工动员机制是应急机制的基础，也是整个应急体系的基础。指在应急体系的建立及应急救援过程中要充分考虑并依靠企业组织及员工个人的力量，营造良好的社会氛围，使员工都参与到救援过程，人人都成为救援体系的一部分。当然，并不是要求企业员工都去承担事故救援的任务，而是希望建立健全组织和动员企业员工参与应对事故灾难的有效机制，增强员工的防灾减灾意识，在条件允许的情况下发挥应有的作用。

2.3.1.3 法制基础

关于边坡、排土场灾害应急救援法律法规体系，大体可分为以下几个层次：

(1) 法律层面：由我国人民代表大会常务委员会发布的与应急救援相关的法律有《中华人民共和国宪法》、《中华人民共和国刑法》、《中华人民共和国劳动法》、《中华人民共和国安全生产法》、《中华人民共和国突发事件应对法》、《中华人民共和国消防法》等。

(2) 行政法规层面：由国务院发布的有关部门安全的条例和规程主要有《生产安全事故报告和调查处理条例》、《建设工程安全生产管理条例》、《国务院关于安全事故行政责任追究的规定》等。

(3) 行政规章层面：如《矿山救护队资质认定管理规定》、《国家安全生产应急平台体系建设指导意见》、《关于加强安全生产应急管理工作的意见》、《矿山事故灾难应急预案》、《冶金事故灾难应急预案》等。

(4) 标准层面：与露天矿边坡、排土场应急救援有关的主要标准有《生产经营单位安全生产事故应急预案编制导则》、《非煤露天矿边坡工程技术规范》、《金属非金属矿山排土场安全生产规则》等。

2.3.1.4 应急保障系统

A 通信与信息保障

露天矿生产企业可以在企业已有的通信系统和通信工具（移动电话、外线电话、内线电话、对讲机等）以及企业内部计算机网络的基础上，通过整合、完善，建立企业的事故应急通信信息平台。重大生产安全事故发生时，所有预警、报警、警报、报告、求援和指挥等行动的通信信息交流都要通过应急通信信息平台实现。在建立平台时要注意明确与应急工作相关联的单位或人员的通信联系方式和方法，并提供备用方案。制定应急通信信息平台的维护方案，确保应急期间通信信息通畅。

B　培训与演练保障

露天矿生产企业应根据自己企业实际情况，由本企业的安全生产管理部门制订出应急培训和演练计划，并根据应急预案的具体内容实施培训和演练计划。此外，露天矿生产企业应按规定向公众和职工说明边坡、排土场的灾害类型及可能造成的危害，做好公众宣传教育工作，广泛宣传应急救援有关法律法规和露天矿生产企业事故预防、避险、避灾、自救、互救的常识。此外，露天矿生产企业的应急培训内容应根据企业的应急人员等级不同，进行不同水平的应急教育。

应急演练是检验应急培训教育效果的有效手段之一，因此，在露天矿生产企业开展应急培训时，还必须进行相应的应急演练。应急演练根据其演练的形式，可以分为桌面演练、功能演练和全面演练三个层次。

其中，桌面演练是指由应急组织的代表或关键岗位人员参加的，按照应急预案及其标准运作程序，讨论发生紧急事件时应采取何种行动的演练活动。其主要特点是对演练情景进行口头演练，一般是在会议室内举行非正式的活动，成本较低，可作为功能演练和全面演练的准备。功能演练是指针对某项应急响应功能举行的演练活动。功能演练一般在应急指挥中心举行，并可同时开展现场演练，调用有限的应急设备，主要目的是针对应急响应功能，检验应急响应人员以及应急管理体系的策划和响应能力。全面演练指针对应急预案中全部或大部分应急响应功能，检验、评价应急组织应急运行能力的演练活动。全面演练一般要求持续几个小时，采取交互式方式进行，演练过程要求尽量真实，调用较多的应急响应人员和资源，并开展人员、设备及其他资源的实战性演练，以检验相互协调的应急响应能力。

三种演练方式各有侧重，相辅相成，因此，露天矿生产企业需结合自身的生产实际情况，定期开展科学合理有效的各项应急演练工作。

C 技术支持保障

露天矿生产事故应急救援工作是一项非常专业化的工作，涉及的专业领域面宽，无论是应急准备、现场救援决策、监测与后果评估及现场恢复等各个方面都可能需要专家提供咨询和技术支持。因此，建立技术支持保障系统是应急救援体系的一个必不可少的组成部分。一般情况下，可采用的技术支持可分为以下三个层次：

（1）企业内部的技术力量：由公司的安全环保部、生产运行部、技术开发部的技术骨干力量、专家组成。在遇到露天矿生产事故时，他们是第一批为事故提供解决方案的技术人员，也是直接工作在事故一线的技术人员，对应急救援工作起着十分关键的技术支持作用。

（2）国家、省级和市级安全生产应急救援指挥中心建立的安全生产应急救援专家组，为事故灾难应急救援提供技术咨询和决策支持。

（3）国家安全生产技术支持保障体系的矿山、岩土、安全等行业或领域以及部队的有关科研院所、高校等，也为露天矿灾害事故应急工作提供一定的技术支持。

露天矿生产企业应充分利用科研单位的技术资源，重点培养自己企业的技术力量，与各级政府的应急救援专家组建立良好联系，根据自身特点和需求，和全国范围内的各研究机构、高校展开技术合作，以保障企业的边坡、排土场灾害应急救援工作的技术水平。

D 物资与装备保障

露天矿生产企业应针对边坡、排土场可能发生的滑坡、泥石流、塌方、滚石、其他设备事故配备一定数量的应急物资。如担架、铁锹、备用水泵、塑料水管、编织袋、充电手电、雨靴、安全绳、塑料布、干粉灭火器等。

此外，由各级政府部门、国家安全生产应急救援培训演练基地、各专业安全生产应急救援培训演练中心和国家级区域救援基地储备的一定数量的特种设备，在发生事故灾难时也可为露天矿生产企业所用。

露天矿生产企业应建立特种应急救援物资与装备储备数据库，将本企业、各级政府、各级应急指挥中心、临近企业单位以及其他社会组织的应急救援物资储备信息纳入数据库中，以便在紧急情况下进行物资调用。

E 资金保障

露天矿生产企业应由财务部负责明确事故应急专项经费的来源、数量、使用范围和监督管理措施，保障应急状态时应急经费能及时到位。建立安全生产的长效投入机制，建立企业应急救援机构和队伍的经费以及运行、维护费用原则上由企业自行承担。

2.3.2 灾害应急响应机制的建立

边坡、排土场灾害应急响应程序应根据企业自身的组织机构特点来进行设置。但总体说来，边坡、排土场灾害应急响应机制可分为接警、应急响应级别确定、应急启动、救援行动、扩大应急、应急恢复和应急结束等 7 个过程，如图 2 - 7 所示。

（1）边坡、排土场灾害应急响应程序首先是由事故现场人员向调度中心报警，报告事故的基本情况，包括事故发生的时间、单位、地点；事故类型、发生经过、伤亡人数、涉及范围；事故发生后已采取的措施及当前事故的抢险情况等，必要时附事故现场简图；事故报告人和电话联系方式。

调度中心在接警要做好事故的详细记录，并对警报进行处理，如判断警报属实，则立刻向上级汇报情况并启动现场处置预案。

（2）应急救援总指挥在接到警报后迅速做出判断，确定警报和响应级别。如果事故很小，不足以启动应急救援预案，则发出"预警"警报，密切关注事态发展变化；如果事故较大，预计事故单位难以控制，则立即发出"现场应急"警报，下达启动应急救援预案的命令。如果发生重大事故，影响整个矿井生产的，则发出"全体应急"。

（3）应急启动后，应立即通知总指挥部成员和各专业组人员到调度室集中，通知有关抢救抢险队伍立即赶赴事故现场；按国家有关规定立即将所发生事故基本情况汇报给上级有关部门；尽快做到应急救援人员到位，开通信息与通信网络，保证应急信息能及时发布；调配救援所需的应急资源，派出现场指挥协调人员和专家技术

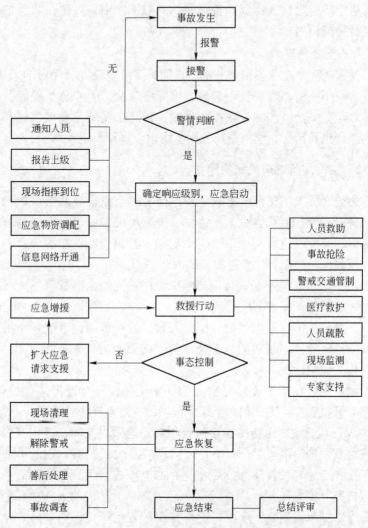

图 2-7 露天矿边坡、排土场灾害应急响应程序

组赴事故现场。

(4) 迅速成立现场应急救援指挥部, 统一由指挥部负责现场一切抢救事宜。应急救援队伍按照各自职责和总指挥命令和抢险方案进行现场抢救, 并积极开展人员救助、工程抢险、警戒与交通管制、医疗救护、人群疏散、现场监测等工作。

（5）救抢险过程中，若事态扩大，抢救力量不足，事故无法得到有效控制，抢险救灾组和现场抢救指挥部要立即向总指挥部汇报，请求临近企业或政府部门进行应急增援。

（6）抢险救援行动完成后，进入应急恢复阶段，现场指挥部要组织现场清理、接触警戒。各部门配合协助现场指挥部制订恢复生产、生活计划，应急安全负责善后处理和事故调查。

（7）应急恢复工作完成后，总指挥宣布应急响应结束，应急人员撤回原单位，最后进行应急总结评审。

应急响应程序确定之后，就要对具体的响应方式进行规定，即应急响应等级的划分。划分应急响应等级有利于以较小的代价达到控制事故、减少人员伤亡和财产损失的目的。是否需要划分应急响应等级，以及如何划分应急响应等级，应根据事故类型、露天矿企业状况等因素综合考虑。

按照安全生产事故灾难的可控性、严重程度和影响范围，根据《突发事件应对法》，应急响应级别原则上分为Ⅰ、Ⅱ、Ⅲ、Ⅳ级响应。

（1）出现下列情况之一启动Ⅰ级响应：

1）造成30人以上死亡（含失踪），或危及30人以上生命安全，或者100人以上中毒（重伤），或者直接经济损失1亿元以上，或者造成特别重大社会影响、事态发展严重的灾害事故。

2）需要紧急转移安置10万人以上的安全生产事故。

3）超出省（区、市）人民政府应急处置能力的安全生产事故。

4）跨省级行政区、跨领域（行业和部门）的安全生产事故灾难。

5）国务院领导同志认为需要国务院安全生产委员会响应的安全生产事故。

（2）出现下列情况之一启动Ⅱ级响应：

1）造成10人以上、30人以下死亡（含失踪），或危及10人以上、30人以下生命安全，或者50人以上、100人以下中毒（重伤），或者直接经济损失5000万元以上、1亿元以下，或者造成重大社会影响的灾害事故。

2）超出市（地、州）人民政府应急处置能力的安全生产事故。

3）跨市、地级行政区的安全生产事故。

4）省（区、市）人民政府认为有必要响应的安全生产事故。

（3）出现下列情况之一启动Ⅲ级响应：

1）造成3人以上、10人以下死亡（含失踪），或危及10人以上、30人以下生产安全，或者30人以上、50人以下中毒（重伤），或者直接经济损失较大，或者造成较大社会影响的灾害事故。

2）超出县级人民政府应急处置能力的安全生产事故灾难。

3）发生跨县级行政区安全生产事故灾难。

4）市（地、州）人民政府认为有必要响应的安全生产事故灾难。

（4）发生或者可能发生一般事故时启动Ⅳ级响应。

2.3.3 边坡及排土场灾害应急救援

众所周知，当事故发生时，及时有效的应急救援行动是唯一可以抵御灾害蔓延、扩大并减轻危害后果的有力措施。

2.3.3.1 矿山灾害应急救援组织机构

矿山应急救援组织体系由矿山应急救援指挥中心、现场应急救援指挥部、应急救援队伍和技术组等组成，应急救援组织机构如图2-8所示。

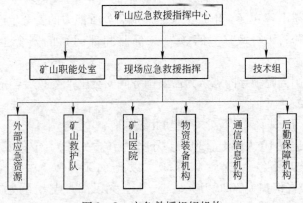

图2-8 应急救援组织机构

2.3.3.2 矿山边坡滑坡事故应急处置措施

（1）现场人员应立即报告现场应急指挥部，事故应急指挥部立即联络事故应急救援指挥中心，同时按照国家的事故报告制度立即向上级及有关部门报告事故情况。当事故灾情较严重，应急救援指挥中心的力量不足时，事故调度联络组还要协调各方力量参加救援行动。

（2）事故应急救援指挥中心应立即按照事故救援预案的分工组织设备及人员抢险，救护出受伤者、清除滑坡积石。如有高压电线落地，应在电源切除后才能开始救援行动。

（3）特别要注意发生高边坡滑坡石方冲撞、掩埋过往车辆的情况时，要首先保证把车内人员及时抢救出来。

（4）组织人员在各个路口设立路障和警戒人员，在相应地段设立安全警戒线，防止人员误入危险地段。

（5）对高边坡滑坡事故的救援行动必须有序进行，救援人员听从指挥，避免因盲目救援造成人员进一步伤亡，进而扩大事故损失。

（6）在事故救援开始的同时，通知就近有处理能力的医院做好医疗救护准备工作。

（7）后勤保障组协助医疗部门做好已抢救出现场的伤员救护工作。严禁对医疗救护不甚了解人员在医护人员不在现场的情况下进行救护工作，以免好心办坏事，加重伤员的伤势。

（8）事故发生后，除了救援、指挥人员以外，严禁无关人员进入现场。

（9）在事故救援组宣布现场已安全后，才能撤除安全警戒线。

（10）事故处理完成以后，配合相关部门完成事故调查报告。

（11）按照"四不放过"的原则，对事故责任人进行处理，同时根据事故教训加强预防措施。

由于边坡不稳定因素的影响和边坡安全管理的不善，可能导致露天矿边坡岩体滑动、崩塌或倾倒，给矿山人员安全、国家财产和矿产资源带来严重的危害和损失。因此日常应加强对矿山边坡危险源的监测，对露天边坡灾害隐患的监测以采剥工作面日常监控、安监人员巡回检查和重点区域监测监控的方式进行，并采取以下预防措施：首先是加强教育，做到人员安全；其次是操作安全；建立健全危险源管理的规章制度；明确责任，定期检查，加强危险源的日常管理，抓好信息反馈，及时整改隐患。努力做到防患于未然。

2.3.3.3 排土场事故应急处置措施

排土场应急救援的过程从宏观上来说就是一个控制、管理的过程。排土场应急救援的组织机构一般包含现场指挥部、救援行动队、医疗卫生队、通信动力保障队、环境净化恢复队、后勤运输队、信息管理中心，这些组织机构都需要通过应急指挥中心来协调。应急救灾抢险设备包括：矿山的推土机、挖掘机、装载机、矿用汽车以及矿部小车。此外，应与当地就近的有条件的医疗机构和矿山救护队签订矿山应急救援协议。

排土场的灾害应急救援措施主要包括：

（1）指挥部应尽量控制灾情发展，减少损失，必要时请求政府组织灾害危及区域的居民迅速撤离现场，搬出危及区域的人员及财产。

（2）设定警戒区域、布置警哨，严禁闲杂人员及设备进入受灾现场。

（3）带领人员及工具尽可能地疏通灾害道路及沟渠，防止灾害事故扩大。

（4）如有受伤人员立即组织救护，并联系对口应急救援机构进行现场抢救或外送医院救治。

（5）若有遇险，首先集中力量抢险，清理出现场受灾人员及设备。

（6）组成事故调查组，进行现场调查。

3 露天矿山边坡和排土场灾害预警指标体系研究

本书在灾害预警方面提出了短期预警与中长期预警的概念，分别建立了短期预警指标和中长期预警指标体系。短期预警能反映正在发生的风险状况，具有现实性，选取短期内能发生变化且对边坡、排土场的稳定性影响较大的指标；中长期预警指标反映正在发生的风险趋势，具有前瞻性，选取的指标既包括短期指标，也包括短期内变化很小，随着风险因素的积累，在中长期时间内会对边坡、排土场的稳定性产生影响的指标。

灾害预警的实现需要通过对各项指标进行监测并分析监测结果。针对指标的不同特点采用不同的监测频率，如岩性及其组合、边坡坡度等指标在短期内变化趋势不明显，对于这些指标，监测的频率就相对较低；而对于最新日雨量、地下水、表面位移等指标，能很明显地监测出变化，而且这种变化对灾害预警结果影响很大，监测的频率就相对较高。这样区分短期预警与中长期预警可以减少对指标的监测频率、节省成本，对矿山企业具有现实意义。同时，矿山企业参考短期预警与中长期预警的结果，既可以掌握矿山现有的灾害风险，又能了解这种风险的发展趋势，可以更好地预防灾害的发生。

3.1 指标体系的构建原则和方法

3.1.1 指标体系的构建原则

建立准确、全面、有效的指标体系是预警的关键。边坡、排土场灾害预警涉及的因素很多，其中有些因素难以量化。因此，确定每一个具体的影响因素，需要广泛征求专家的意见，并参考相关的法规和标准，再进行整理、分类和综合。建立一套既科学、合理，又能反映实际状况的预警指标体系是一项复杂的系统工程，具有相当的难度。建立行之有效的预警指标体系，应遵循以下原则：

（1）全面性原则。指标的设计与选择要尽量覆盖所有可能导致发生边坡灾害的因素。

（2）灵敏性原则。在具体的指标构建和指标评价时根据不同区域边坡的特点，所选指标能对边坡安全风险的变化情况准确、科学、及时地反映，具有较强的敏感性，使其成为反映边坡安全风险状况的"晴雨表"。

（3）实用性和可操作性原则。预警模型最终要应用到实际中去，因此要求它的指标体系要实用而且可操作。指标并不是越多越好，指标的选取要考虑到指标数值的获得及其量化的难易程度和准确性；所需数据是否易统计，应尽可能利用现有统计资料。要选择主要的、基本的、有代表性的综合指标作为量化计算指标，使指标便于横向和纵向比较。

（4）先行性原则。预警指标按出现时间相对于循环转折点的先后分为先行指标、一致指标和滞后指标。先行指标是指其循环转折点在出现时间上稳定地领先于参照循环中相应的转折点，它是预警系统的主体，功能是为预警系统提供预警信号。在预警指标的选取中应尽量采用先行性指标，要求指标能超前于实际波动，具有先行性或一致性，能及时、准确、科学地反映系统的变化情况。风险防范需要一个时间过程，即时滞。若时滞过长，就起不到风险管理的效果，预警系统也就失去了意义。

（5）动态性原则。即边坡灾害预警系统应是一种动态的分析与监测系统，而不是一种静态的反映系统。它应在分析过去的基础上，把握未来的发展趋势。动态性还应体现在这个预警系统能够根据新情况的变化不断更新，这样才能保持系统的先进性，增强系统的生命力。

（6）综合性原则。边坡灾害预警指标体系设置时要进行综合考虑，即要系统科学考虑影响边坡稳定性的各项因素，同时在设置指标时要适当选取综合性指标。

3.1.2 指标体系的构建方法

选择恰当的指标是关系到边坡稳定性预警结果是否准确可靠的一个重要问题。评价指标并非越多越好，关键在于评价指标对结果贡献的大小。指标体系的确定具有很大的主观性，目前指标体系的确定有经验确定法和数学方法两种，数学确定方法可以降低选取指标的主观性，但不能保证其指标的唯一性，因此，目前经验确定法应用比较广泛。

在实际应用中，专家调研是一种较常用的方法。图 3 – 1 给出了专家调研法选择指标的一个比较完整的流程。首先，评价者根据评价的目的及评价对象即滑坡体，在调查意见表中列出一系列的评价指标；其次，分别征询各专家对所列评价指标的意见，然后进行统计处理，并且反馈咨询的结果；最后，经过几轮的咨询后，如果各专家意见趋于统一，则确定出具体的评价指标体系。这种方法有以下几个特点：

（1）匿名性。向专家们分别发送咨询表，参加咨询的各专家互不知晓，这样就消除了专家相互间的影响。

（2）反馈性。对每一轮的结果做出统计，并将统计结果作为反馈材料发给各专家，为下一轮评估提供参考。

（3）统计性。最后采用数学上的统计方法对咨询结果进行处理，对专家意见的定量处理是专家调研的一个重要特点。

图 3 – 1 指标选择流程

这种指标选择方法可适用于所有的评价对象，主要优点在于专家不受任何外界因素的干扰，能够充分发挥各专家的主观能动性，集中专家们的集体智慧，在大量广泛收集相关信息的基础上，最终可得到较合理的评估指标体系。专家调研方法的主要缺点是耗费的人力物力较多，同时所需要花费的时间相对较长。该方法的关键是专家人选以及确定专家的合理人数。

3.2　边坡灾害预警指标体系的建立

3.2.1　边坡灾害中长期预警指标体系

该指标体系包括 7 个二级指标、18 个三级指标，如图 3 - 2 所示。

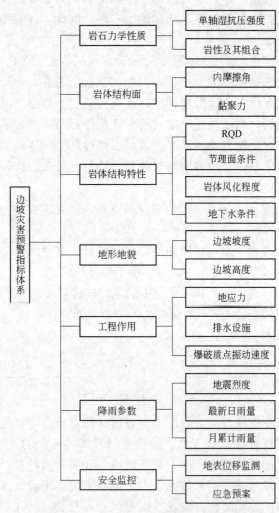

图 3 - 2　边坡灾害中长期预警指标体系

3.2.2 边坡灾害短期预警指标体系

边坡灾害短期预警指标包括 6 个指标：黏聚力、内摩擦角、边坡角、边坡高度、孔隙水压力比、容重，如图 3-3 所示。

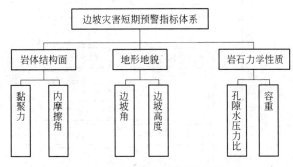

图 3-3 边坡灾害短期预警指标体系

3.3 排土场灾害预警指标体系的建立

经过分析，把排土场灾害预警根据时间情况分为中长期预警和短期预警两部分，相应的排土场灾害的预警指标也要进行优化，分为中长期预警指标体系和短期预警指标体系。

3.3.1 排土场灾害中长期预警指标体系

排土场灾害中长期预警指标体系包括 5 个二级指标、13 个三级指标。二级指标分别为排料岩土特征、地形地貌、自然环境影响、周边环境影响和安全管理；三级指标分别为内摩擦角、黏聚力、地基坡度、边坡高度、地震烈度、最新日雨量、月累计雨量、下游人数、下游财产、乱采乱挖、排水设施、应急预案和地表裂缝检查，如图 3-4 所示。

3.3.2 排土场灾害短期预警指标体系

排土场灾害短期预警从影响排土场滑坡的内在因素和外在因素两方面考虑；包括黏聚力、内摩擦角、边坡角度、基底承载力、地震烈度、降雨条件、排土工艺和乱采乱挖 8 个预警指标，如图 3-5 所示。

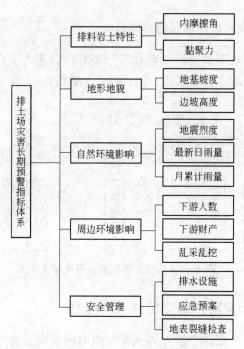

图 3-4　排土场灾害中长期预警指标体系

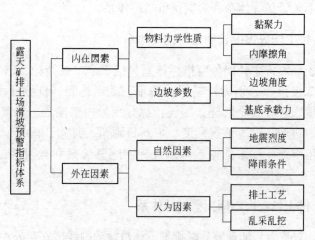

图 3-5　排土场灾害短期预警指标体系

（1）内在因素。内在因素包含物料力学性质和边坡参数 2 个三级指标。物料力学性质又分为黏聚力和内摩擦角 2 个四级指标。边坡参数又分为边坡角度和岩土粒度分布基底承载力 2 个四级指标。

（2）外在因素。外在因素包含自然因素和人为因素 2 个三级指标。自然因素又分为地震烈度和降雨条件 2 个四级指标。人为因素又分为排土工艺和乱采乱挖 2 个四级指标。

3.4　边坡和排土场灾害预警指标的预警准则

参照岩石（土）边坡工程及有关规范，一般把边坡工程的稳定性分成 5 个等级，即极稳定、稳定、基本稳定、不稳定和极不稳定，边坡和排土场的灾害预警分级参照这个边坡工程的稳定性分级标准。首先对边坡和排土场的稳定状态进行评价分级，评价结果分为极不稳定、不稳定、基本稳定、稳定和极稳定五个等级，按照百分制的打分规则，五个评价等级所对应的分数区间为 0～40 分、40～60 分、60～80 分、80～90 分、90～100 分；相应的划分为 5 个预警，Ⅰ级、Ⅱ级、Ⅲ级、Ⅳ级和Ⅴ级。预警准则如表 3－1 所示。分别对应预警信号红色、橙色、黄色、蓝色、绿色。

表 3－1　预警准则

综合得分（百分）	边坡状态	预警等级	预警信号
0～40	极不稳定	Ⅰ级	红色
40～60	不稳定	Ⅱ级	橙色
60～80	基本稳定	Ⅲ级	黄色
80～90	稳定	Ⅳ级	蓝色
90～100	极稳定	Ⅴ级	绿色

对于各个预警指标的阈值确定，目前没有形成一种公认的方法，本书对各预警指标的稳定性取值的界定主要结合现场实际调研、征求专家意见，借鉴相关文献等方法分别确定。

3.4.1　边坡灾害预警指标的取值范围

边坡灾害中长期预警指标和短期预警指标对应于稳定状态的取

值情况如表3-2和表3-3所示。

表3-2 边坡灾害中长期预警指标等级划分表

指 标	非常稳定	较稳定	稳定	不稳定	极不稳定
单轴抗压强度/MPa	90~100	70~90	50~70	30~50	0~30
岩性及其组合	极硬岩	硬岩	软硬互层	软岩	极软岩
内摩擦角/(°)	>37	29~37	21~29	13~21	0~13
黏聚力/MPa	0.22~0.32	0.12~0.22	0.08~0.12	0.05~0.08	0~0.05
RQD	90~100	75~90	50~75	25~50	0~25
节理面特性	非常粗糙，不连续，未张开，壁未风化	轻微粗糙的面，面张开小于1mm，壁弱风化	轻微粗糙的面，面张开小于1mm，壁强风化	有摩擦光面或断层泥大于15mm，张开度1~5mm，连续	软弱断层泥小于1~5mm，张开度大于5mm，连续
岩体风化程度	微风化及未风化	中风化	强风化	全风化	残积土
地下水条件	完全干燥	潮湿	湿润	淋水	流水
边坡坡度/(°)	0~15	15~30	30~45	45~60	>60
边坡高度/m	0~75	75~150	150~300	300~500	>500
爆破质点振动速度/cm·s^{-1}	0~10	10~20	20~40	40~60	60~80
地应力/MPa	0~2	2~8	8~14	14~20	20~25
排水设施	防设施非常完善，排水很好	设施基本符合要求，排水较好	设施不健全，排水一般	设施不合格，排水较差	设施不合格，排水差
地震烈度	0~3	3~5	5~7	7~8	>8
最新日雨量/mm	0~10	10~25	25~50	50~100	>100
月累计雨量/mm	0~70	70~125	125~200	200~350	>350
地表位移监测/cm	0~0.5	0.5~1	1~1.5	1.5~2	>2
应急预案	应急预案内容完善，定期组织演练	应急预案内容比较完整，并组织演练	应急预案内容不完善，未组织演练	应急预案内容不完整，没有实用价值	没有编制应急预案

表 3 - 3 边坡灾害短期预警指标等级划分表

评价指标	极稳定	稳定	基本稳定	不稳定	极不稳定
黏聚力/MPa	0.22 ~ 0.32	0.12 ~ 0.22	0.08 ~ 0.12	0.05 ~ 0.08	0 ~ 0.05
内摩擦角/(°)	37 ~ 45	29 ~ 37	21 ~ 29	13 ~ 21	0 ~ 13
边坡角/(°)	0 ~ 20	20 ~ 30	30 ~ 45	45 ~ 60	60 ~ 80
边坡高度/m	0 ~ 75	75 ~ 175	175 ~ 300	300 ~ 500	500 ~ 800
孔隙水压力比	0 ~ 0.1	0.1 ~ 0.2	0.2 ~ 0.3	0.3 ~ 0.4	0.4 ~ 0.6
天然容重/kN·m^{-3}	18 ~ 30	17 ~ 18	16 ~ 17	15 ~ 16	0 ~ 15

3.4.2 排土场灾害预警指标的取值范围

排土场灾害中长期预警指标和短期预警指标对应于稳定状态的取值情况如表 3 - 4 和表 3 - 5 所示。

表 3 - 4 排土场灾害中长期预警指标等级划分表

指标	非常稳定	较稳定	稳定	不稳定	极不稳定
黏聚力/MPa	>0.25	0.2 ~ 0.25	0.15 ~ 0.2	0.1 ~ 0.15	0 ~ 0.1
内摩擦角/(°)	>30	25 ~ 30	20 ~ 25	15 ~ 20	0 ~ 15
地基坡度/(°)	0 ~ 15	15 ~ 25	25 ~ 35	35 ~ 50	>50
边坡高度/m	0 ~ 50	50 ~ 100	100 ~ 150	150 ~ 200	>200
地震烈度	0 ~ 2	2 ~ 4	4 ~ 6	6 ~ 8	8 ~ 12
最新日雨量/mm	0 ~ 25	25 ~ 50	50 ~ 80	80 ~ 100	>100
月累计雨量/mm	0 ~ 70	70 ~ 125	125 ~ 200	200 ~ 350	>350
下游人数/人	0 ~ 50	50 ~ 100	100 ~ 300	300 ~ 500	>500
下游财产/千万元	<1	1 ~ 3	3 ~ 5	5 ~ 10	>10
乱采乱挖	无坡脚取土,翻检矿石等	坡脚取土,翻检矿石等较轻	坡脚取土,翻检矿石等一般	坡脚取土,翻检矿石等比较严重	坡脚取土,翻检矿石等非常严重
应急预案	应急预案内容完善,定期组织演练	应急救援预案内容比较完整,并组织演练	应急预案内容不完善,未组织演练	应急预案内容不完整,没有实用价值	没有编制应急预案

续表3-4

指　　标	非常稳定	较稳定	稳定	不稳定	极不稳定
地表裂缝检查	无裂缝	基本无裂缝	有轻微裂缝	裂缝明显	裂缝非常明显
排水设施	设施非常完善，排水很好	设施基本符合要求，排水较好	设施不健全，排水一般	设施不合格，排水较差	设施不合格，排水差

表3-5　排土场灾害短期预警指标等级划分表

预警指标	极稳定	稳定	基本稳定	不稳定	极不稳定
黏聚力/MPa	>0.25	0.2~0.25	0.15~0.2	0.1~0.15	0~0.1
内摩擦角/(°)	>30	25~30	20~25	15~20	0~15
边坡角度/(°)	0~15	15~25	25~35	35~50	>50
基底承载力	地基不含软弱岩层，地基坡度小于15°	地基含软弱岩层，透水性好，地基坡度小于20°	地基含软弱岩层，透水性一般，地基坡度小于25°	地基含软弱岩层，透水性较差，地基坡度大于25°	地基含软弱岩层，透水性非常差，地基坡度大于35°
地震烈度	0~3	3~5	5~7	7~8	>8
降雨条件	雨水稀少，日降雨量小于20mm	小到中雨，日降雨量小于50mm	中到大雨，日降雨量小于100mm	大到暴雨，日降雨量小于150m	罕见暴雨，日降雨量大于150mm
排土工艺	排土堆置顺序合理，排土强度适当	排土堆置顺序不合理，排土强度适当	排土堆置顺序不合理，排土强度大	排土堆置顺序不合理，排土强度较大	排土堆置顺序非常不合理，排土强度过大
乱采乱挖	排土场的坡底及两侧基本无采石、取土、开矿等人为活动	排土场的坡底及两侧采石、取土、开矿等人为活动较少	排土场的坡底及两侧采石、取土、开矿等人为活动较多	排土场的坡底及两侧采石、取土、开矿等人为活动严重	排土场的坡底及两侧采石、取土、开矿等人为活动非常严重

4 露天矿山边坡和排土场
灾害预警指标权重研究

4.1 基于未确知有理数的短期预警指标权重的确定

一般来说，预警对象各特征的重要性不尽相同，通常采用权重来反映重要性的差别。通常应用的层次分析法在评价指标数量较多时，易产生模糊判断，使不确定性增加，给出的判断矩阵很难满足一致性要求；另外需针对每一个专家的评价结论建立判断矩阵并作检查，引入未确知数学的理论计算权重，可以很好地避免这些问题。

根据未确知有理数法，选取可信度高的 5 位专家。五位专家在 1~10 之间给出指标重要性取值区间及对应值下的信度分布，指标对排土场滑坡的影响越大，重要性评价值就越大，百分数由专家根据经验给出，表示指标重要性在取值区间对应值下的信度分布。表 4-1~表 4-8 分别为黏聚力、内摩擦角、边坡高度、基底承载力、地震烈度、降雨条件、排土工艺和乱采乱挖指标的重要性评价值及信度分布。

表 4-1 黏聚力的重要性评价值及信度分布

等级区间	2	4	6	8
专家 1		60%	30%	
专家 2		50%	50%	
专家 3		30%	30%	30%
专家 4	30%	30%	30%	
专家 5	20%	40%	30%	

指标黏聚力的重要性未确知有理数 $A_1 = [[1,10], \varphi_{A_1}(x)]$，其可信度分布密度函数可以得到黏聚力的重要性未确知有理数可信度分布密度函数为

$$\varphi_{A_1}(x) = \begin{cases} 0.093, & x = 2 \\ 0.429, & x = 4 \\ 0.342, & x = 6 \\ 0.057, & x = 8 \\ 0, & \text{其他} \end{cases}$$

可求得黏聚力重要性程度未确知有理数的数学期望值:

$$E(A_1) = [[4.788, 4.788], \varphi'_{A_1}(x)]$$

$$\varphi'_{A_1}(x) = \begin{cases} 0.921, & x = 4.788 \\ 0, & \text{其他} \end{cases}$$

数学期望仅在 $x = 4.788$ 时不为零, 因此, 黏聚力指标的权重值为 4.788。

表 4 - 2　内摩擦角的重要性评价值及信度分布

等级区间	2	4	6	8
专家 1	30%	30%	30%	
专家 2	10%	50%	30%	
专家 3		50%	50%	
专家 4	30%	30%	30%	
专家 5		40%	30%	20%

内摩擦角的重要性未确知有理数 $A_4 = [[1, 10], \varphi_{A_4}(x)]$, 由其可信度分布密度函数可以得到内摩擦角的重要性未确知有理数可信度分布密度函数为

$$\varphi_{A_4}(x) = \begin{cases} 0.145, & x = 2 \\ 0.396, & x = 4 \\ 0.335, & x = 6 \\ 0.034, & x = 8 \\ 0, & \text{其他} \end{cases}$$

可求得内摩擦角重要性程度未确知有理数的数学期望值:

$$E(A_4) = [[4.567, 4.567], \varphi'_{A_1}(x)]$$

$$\varphi'_{A_4}(x) = \begin{cases} 0.91, & x = 4.567 \\ 0, & \text{其他} \end{cases}$$

数学期望仅在 $x = 4.567$ 时不为零,因此,内摩擦角指标的权重值为 4.567。

表 4 - 3 边坡高度的重要性评价值及信度分布

等级区间	2	4	6	8
专家 1		50%	50%	
专家 2		30%	30%	30%
专家 3	10%	40%	40%	
专家 4	30%	30%	30%	
专家 5	20%	40%	30%	

指标边坡高度的重要性未确知有理数 $A_3 = [[1,10],\varphi_{A_3}(x)]$,由其可信度分布密度函数可以得到边坡高度的重要性未确知有理数可信度分布密度函数为

$$\varphi_{A_3}(x) = \begin{cases} 0.104, & x = 2 \\ 0.387, & x = 4 \\ 0.364, & x = 6 \\ 0.066, & x = 8 \\ 0, & 其他 \end{cases}$$

可求得边坡高度重要性程度未确知有理数的数学期望值:

$$E(A_3) = [[4.811, 4.811], \varphi'_{A_3}(x)]$$

$$\varphi'_{A_3}(x) = \begin{cases} 0.913, & x = 4.811 \\ 0, & 其他 \end{cases}$$

数学期望仅在 $x = 4.811$ 时不为零,因此,边坡高度指标的权重值为 4.811。

表 4 - 4 基底承载力的重要性评价值及信度分布

等级区间	2	4	6	8
专家 1		60%	40%	
专家 2		40%	50%	
专家 3		20%	40%	30%
专家 4		50%	30%	10%
专家 5	20%	30%	40%	

指标基底承载力的重要性未确知有理数 $A_7 = [[1,10], \varphi_{A_7}(x)]$，由其可信度分布密度函数可以得到基底承载力的重要性未确知有理数可信度分布密度函数为

$$\varphi_{A_7}(x) = \begin{cases} 0.034, & x = 2 \\ 0.406, & x = 4 \\ 0.401, & x = 6 \\ 0.074, & x = 8 \\ 0, & 其他 \end{cases}$$

可求得基底承载力重要性程度未确知有理数的数学期望值：

$$E(A_7) = [[5.126, 5.126], \varphi'_{A_7}(x)]$$

$$\varphi'_{A_7}(x) = \begin{cases} 0.913, & x = 5.126 \\ 0, & 其他 \end{cases}$$

数学期望仅在 $x = 5.126$ 时不为零，因此，基底承载力指标的权重值为 5.126。

表 4-5　地震烈度的重要性评价值及信度分布

等级区间	2	4	6	8
专家1		50%	40%	
专家2	10%	40%	50%	
专家3		40%	30%	10%
专家4	30%	30%	30%	
专家5	20%	40%	40%	

指标地震烈度的重要性未确知有理数 $A_2 = [[1,10], \varphi_{A_2}(x)]$，由其可信度分布密度函数可以得到地震烈度的重要性未确知有理数可信度分布密度函数为

$$\varphi_{A_2}(x) = \begin{cases} 0.107, & x = 2 \\ 0.403, & x = 4 \\ 0.382, & x = 6 \\ 0.019, & x = 8 \\ 0, & 其他 \end{cases}$$

可求得地震烈度重要性程度未确知有理数的数学期望值：

$$E(A_2) = \left[\, [4.687, 4.687], \varphi'_{A_2}(x)\,\right]$$

$$\varphi'_{A_2}(x) = \begin{cases} 0.911, & x = 4.687 \\ 0, & \text{其他} \end{cases}$$

数学期望仅在 $x = 4.687$ 时不为零，因此，地震烈度指标的权重值为 4.687。

表 4-6　降雨条件的重要性评价值及信度分布

等级区间	2	4	6	8
专家 1	10%	60%	30%	
专家 2		50%	50%	
专家 3		30%	30%	30%
专家 4		30%	30%	30%
专家 5		40%	30%	20%

降雨条件的重要性未确知有理数 $A_8 = \left[\, [1, 10], \varphi_{A_8}(x)\,\right]$，由其可信度分布密度函数可以得到降雨条件的重要性未确知有理数可信度分布密度函数为

$$\varphi_{A_8}(x) = \begin{cases} 0.024, & x = 2 \\ 0.43, & x = 4 \\ 0.341, & x = 6 \\ 0.142, & x = 8 \\ 0, & \text{其他} \end{cases}$$

可求得降雨条件重要性程度未确知有理数的数学期望值：

$$E(A_8) = \left[\, [5.283, 5.283], \varphi'_{A_8}(x)\,\right]$$

$$\varphi'_{A_8}(x) = \begin{cases} 0.9371, & x = 5.283 \\ 0, & \text{其他} \end{cases}$$

数学期望仅在 $x = 5.283$ 时不为零，因此，降雨条件指标的权重值为 5.283。

表 4 - 7 排土工艺的重要性评价值及信度分布

等级区间	2	4	6	8
专家 1	20%	40%	30%	
专家 2	10%	40%	50%	
专家 3		30%	40%	20%
专家 4		30%	50%	10%
专家 5	20%	30%	40%	

指标排土工艺的重要性未确知有理数 $A_6 = [[1,10], \varphi_{A_6}(x)]$，由其可信度分布密度函数可以得到排土工艺的重要性未确知有理数可信度分布密度函数为

$$\varphi_{A_6}(x) = \begin{cases} 0.104, & x = 2 \\ 0.343, & x = 4 \\ 0.411, & x = 6 \\ 0.055, & x = 8 \\ 0, & \text{其他} \end{cases}$$

可求得排土工艺重要性程度未确知有理数的数学期望值：

$$E(A_6) = [[4.913, 4.913], \varphi'_{A_6}(x)]$$

$$\varphi'_{A_6}(x) = \begin{cases} 0.913, & x = 4.913 \\ 0, & \text{其他} \end{cases}$$

数学期望仅在 $x = 4.913$ 时不为零，因此，排土工艺指标的权重值为 4.913。

表 4 - 8 乱采乱挖的重要性评价值及信度分布

等级区间	2	4	6	8
专家 1		60%	30%	
专家 2		50%	50%	
专家 3		30%	30%	30%
专家 4	30%	30%	30%	
专家 5	20%	40%	30%	

指标乱采乱挖的重要性未确知有理数 $A_5 = \left[\left[1,10\right],\varphi_{A_5}(x)\right]$，由其可信度分布密度函数可以得到乱采乱挖的重要性未确知有理数可信度分布密度函数为

$$\varphi_{A_5}(x) = \begin{cases} 0.085, & x = 2 \\ 0.43, & x = 4 \\ 0.341, & x = 6 \\ 0.057, & x = 8 \\ 0, & \text{其他} \end{cases}$$

可求得乱采乱挖重要性程度未确知有理数的数学期望值：

$$E(A_5) = \left[\left[4.851, 4.851\right], \varphi'_{A_5}(x)\right]$$

$$\varphi'_{A_5}(x) = \begin{cases} 0.913, & x = 4.851 \\ 0, & \text{其他} \end{cases}$$

数学期望仅在 $x = 4.851$ 时不为零，因此，乱采乱挖指标的权重值为 4.851。

排土场灾害短期预警指标的权重值分别是：黏聚力 4.788；内摩擦角 4.567；边坡高度 4.811；基底承载力 5.126；地震烈度 4.687；降雨条件 5.283；排土工艺 4.913；乱采乱挖 4.851；归一化后得到排土场灾害短期预警指标的权重值：$W = (0.122, 0.119, 0.123, 0.131, 0.120, 0.135, 0.126, 0.124)$。

4.2 基于粗糙集的短期预警指标权重的确定

基于粗糙集的专家打分法是一种主客观相结合的权重确定方法，主要原理是应用粗糙集理论对收集到的原始数据进行挖掘，对离散后的数据进行知识约简，把权重确定问题转化为属性重要度排序问题，然后邀请专家在指标属性重要度排序的基础上进行打分，并对打分的范围做一些限制。这种方法在充分尊重客观数据的基础上，结合了领域专家的丰富经验，避免了单纯应用粗糙集理论进行赋权的指标权重为 0 的情况，很好地体现了主客观赋权的优势，其基本步骤如下：

（1）收集相关的原始数据，并在不影响数据分类能力的条件下，对数据的属性值进行离散化的处理。所谓离散化处理就是将连续的

值域分为多个独立区间，每个独立区间用不同的编码表示属性值，离散点的选取至关重要，本书将边坡稳定性打分的限定值 60 分作为离散点进行数据的离散。

（2）离散后的数据表即为决策表。决策表的每一行描述了一个决策对象，每一列描述决策对象的一种条件属性，通常最后两列或一列为决策属性，决策表是一张二维的数据表格。

（3）对形成的决策表进行知识约简，即删除重复的数据行，也就是属性值相同的对象，目的是简化决策表使计算更为简便，知识约简后的决策表分别按照数据的条件属性和决策属性进行等价类划分。

（4）为了给出属性重要度的排序，需要从表中先把这些属性去掉，然后再看分类的变化。如果去掉某个属性后，相应的分类变化比较大，说明某属性重要性大，反之亦然。

（5）计算各个条件属性对于决策属性的重要度，将计算结果进行归一化处理，得出条件属性重要度的排序。

（6）邀请专家根据条件属性的重要度排序进行指标重要性的打分，对每个指标的得分区间进行相应的限制，最后，计算几位专家的平均分，并归一化处理，得到指标的最终权重值。

上述步骤需要注意的是：粗糙集理论要求决策表中的数据必须是离散的，因此在进行知识约简时要对原始数据进行离散化处理，数据离散的本质是选取一组断点将条件属性构成划分为有限个区域，使每个区域中对象拥有相同的决策属性。粗糙集理论是在数据集表达的不可分辨关系上进行数据分析和知识获取的，因此基于粗糙集理论的离散化能够最大限度地保持原始数据集对实例的分辨能力和分辨关系，不会导致数据集丢失信息或引入错误信息。

表 4-9 是收集到的 20 组排土场边坡的实例数据，每项指标以得分的形式保留在这张信息表中，论域为 $\{1, 2, 3, \cdots, 20\}$，条件属性集为 $\{C_1, C_2, C_3, C_4, C_5, C_6, C_7, C_8\}$，决策属性集为 $\{D_1, D_2\}$，其中，C_1 为黏聚力，C_2 为内摩擦角，C_3 为边坡高度，C_4 为基底承载力，C_5 为地震烈度，C_6 为降雨条件，C_7 为排土工艺，C_8 为乱采乱挖；D_1 为安全系数，D_2 为排土场边坡的稳定状态。首

先，将表4-9中的数据进行离散化处理，离散值的选取根据前面预警指标的预警准则，选取60分作为离散点，指标打分小于60分的数据值取为0，指标打分大于60分的数据值取为1；安全系数则选取1作为离散点，安全系数小于1的数据值取为0，安全系数大于1的数据值取为1；边坡稳定状态分为不稳定和稳定两种，分别取值0和1。离散后的数据如表4-10所示。最后，将离散化的表格进行数据约简，删除多余的数据行，得到简化的决策表，如表4-11所示。

表4-9　排土场工程实例的数据

序号	C_1	C_2	C_3	C_4	C_5	C_6	C_7	C_8	D_1	D_2
1	40	50	50	35	40	40	40	40	0.72	不稳定
2	70	50	50	70	50	50	80	50	1.21	稳定
3	45	70	35	35	55	35	35	35	0.89	不稳定
4	55	50	50	75	55	85	80	45	1.32	稳定
5	58	55	50	45	55	85	55	55	1.35	稳定
6	55	55	55	35	50	65	40	35	1.05	不稳定
7	45	55	50	20	65	25	40	40	0.87	不稳定
8	35	58	50	25	40	25	40	90	0.86	不稳定
9	45	56	50	20	15	85	25	25	0.91	不稳定
10	55	50	55	20	15	85	25	25	0.79	不稳定
11	80	55	85	40	50	80	45	50	1.23	稳定
12	55	56	56	85	50	75	85	50	1.45	稳定
13	45	50	58	30	50	20	35	45	0.92	不稳定
14	58	50	75	85	50	80	50	90	1.42	稳定
15	57	58	70	50	50	40	45	80	1.56	稳定
16	56	55	59	40	65	35	80	35	1.15	不稳定
17	50	52	55	30	70	30	85	35	1.28	不稳定
18	55	58	49	85	45	35	80	30	1.31	不稳定
19	50	50	50	80	50	50	80	80	1.07	不稳定
20	40	40	40	40	70	40	40	40	0.84	不稳定

表 4-10　离散化的决策表

序　号	C_1	C_2	C_3	C_4	C_5	C_6	C_7	C_8	D_1	D_2
离散值为0	<60	<60	<60	<60	<60	<60	<60	<60	<1	不稳定
离散值为1	>60	>60	>60	>60	>60	>60	>60	>60	>1	稳定
1	0	0	0	0	0	0	0	0	0	0
2	1	0	0	1	0	0	1	0	1	1
3	0	1	0	0	0	0	0	0	0	0
4	0	0	0	1	0	1	1	0	1	1
5	0	0	0	0	0	0	0	0	0	1
6	0	0	0	0	0	1	0	0	1	0
7	0	0	0	0	1	0	0	0	0	0
8	0	0	0	0	0	0	0	1	0	0
9	0	0	0	0	0	0	0	0	0	0
10	0	0	0	0	0	0	1	0	0	0
11	1	0	1	0	0	1	0	0	1	1
12	0	0	0	1	0	1	1	0	1	1
13	0	0	0	0	0	0	0	0	0	0
14	0	0	0	0	0	1	0	1	1	1
15	0	0	1	0	0	0	0	1	1	1
16	0	0	0	0	1	0	0	0	0	0
17	0	0	0	0	0	1	1	0	1	0
18	0	0	0	1	0	0	0	0	0	0
19	0	0	0	1	0	0	1	1	1	0
20	0	0	0	0	0	0	0	0	0	0

表 4-11　知识约简后的决策表

序号	C_1	C_2	C_3	C_4	C_5	C_6	C_7	C_8	D_1	D_2
1	0	0	0	0	0	0	0	0	0	0
2	0	1	0	0	0	0	0	0	0	0
3	0	0	0	0	1	0	0	0	0	0
4	0	0	0	0	0	0	0	1	0	0

序号	C_1	C_2	C_3	C_4	C_5	C_6	C_7	C_8	D_1	D_2
5	0	0	0	0	0	0	1	0	0	0
6	0	0	0	0	0	1	0	0	1	0
7	0	0	0	0	1	0	1	0	1	0
8	0	0	0	1	0	0	1	0	1	0
9	0	0	0	1	0	0	1	1	1	0
10	1	0	0	1	0	0	1	0	1	1
11	0	0	0	1	0	1	1	0	1	1
12	0	0	0	0	0	1	0	0	1	1
13	1	0	1	0	0	0	1	0	1	1
14	0	0	1	1	0	1	0	1	1	1
15	0	0	1	0	0	0	0	0	1	1

对上面知识约简后的决策表论域分别按照条件属性和决策属性进行分类，分类结果为：

$U/\text{ind}(C) = \{\{1\},\{2\},\{3\},\{4\},\{5\},\{6,12\},\{7\},\{8\},\{9\},\{10\},\{11\},\{13\},\{14\},\{15\}\}$

$U/\text{ind}(D) = \{\{1,2,3,4,5\},\{6,7,8,9\},\{10,11,12,13,14,15\}\}$

分别减去一个条件属性后的论域分类为

$U/\text{ind}(C - C_1) = \{\{1\},\{2\},\{3\},\{4\},\{5\},\{6,12\},\{7\},\{8,10\},\{9\},\{11\},\{13\},\{14\},\{15\}\}$

$U/\text{ind}(C - C_2) = \{\{1,2\},\{3\},\{4\},\{5\},\{6,12\},\{7\},\{8\},\{9\},\{10\},\{11\},\{13\},\{14\},\{15\}\}$

$U/\text{ind}(C - C_3) = \{\{1\},\{2\},\{3\},\{4,15\},\{5\},\{6,12\},\{7\}\{8\},\{9\},\{10\},\{11\},\{13\},\{14\}\}$

$U/\text{ind}(C - C_4) = \{\{1\},\{2\},\{3\},\{4\},\{5,8\},\{6,7,12\},\{9\},\{10\},\{11\},\{13\},\{14\},\{15\}\}$

$U/\text{ind}(C - C_5) = \{\{1,3\},\{2\},\{4\},\{5\},\{6,12\},\{7\},\{8\},\{9\},\{10\},\{11\},\{13\},\{14\},\{15\}\}$

$U/\text{ind}(C - C_6) = \{\{1,6,12\},\{2\},\{3\},\{4\},\{5\},\{7\},\{8,11\},\{9\},\{10\},\{13\},\{14\},\{15\}\}$

$U/\text{ind}(C - C_7) = \{\{1,5\},\{2\},\{3\},\{4\},\{6,12\},\{7,11\}\{8\},$
$\{9\},\{10\},\{13\},\{14\},\{15\}\}$

$U/\text{ind}(C - C_8) = \{\{1,4\},\{2\},\{3\},\{5\},\{6,12\},\{7\}\{8,9\},$
$\{10\},\{11\},\{13\},\{14\},\{15\}\}$

论域中每个条件属性关于决策属性的重要性分析如下:

$\text{POS}_C(D) = \{1,2,3,4,5,7,8,9,10,11,13,14,15\}$

$\text{POS}_{C-\{C_1\}}(D) = \{1,2,3,4,5,7,9,11,13,14,15\}$

$\text{POS}_{C-\{C_2\}}(D) = \{1,2,3,4,5,7,8,9,10,11,13,14,15\}$

$\text{POS}_{C-\{C_3\}}(D) = \{1,2,3,5,7,8,9,10,11,13,14\}$

$\text{POS}_{C-\{C_4\}}(D) = \{1,2,3,4,9,10,11,13,14,15\}$

$\text{POS}_{C-\{C_5\}}(D) = \{1,2,3,4,5,7,8,9,10,11,13,14,15\}$

$\text{POS}_{C-\{C_6\}}(D) = \{2,3,4,5,7,9,10,13,14,15\}$

$\text{POS}_{C-\{C_7\}}(D) = \{1,2,3,4,5,8,9,10,13,14,15\}$

$\text{POS}_{C-\{C_8\}}(D) = \{1,2,3,4,5,7,8,9,10,11,13,14,15\}$

$$\gamma_C(D) = \frac{|\text{POS}_C(D)|}{|U|} = \frac{13}{15}$$

$$\sigma_D(C_1) = \gamma_C(D) - \gamma_{C-\{C_1\}}(D) = \frac{|\text{POS}_C(D)|}{|U|} - \frac{|\text{POS}_{C-\{C_1\}}(D)|}{|U|}$$

$$= \frac{13}{15} - \frac{11}{15} = \frac{2}{15}$$

$$\sigma_D(C_2) = \gamma_C(D) - \gamma_{C-\{C_2\}}(D) = \frac{|\text{POS}_C(D)|}{|U|} - \frac{|\text{POS}_{C-\{C_2\}}(D)|}{|U|}$$

$$= \frac{13}{15} - \frac{13}{15} = 0$$

$$\sigma_D(C_3) = \gamma_C(D) - \gamma_{C-\{C_3\}}(D) = \frac{|\text{POS}_C(D)|}{|U|} - \frac{|\text{POS}_{C-\{C_3\}}(D)|}{|U|}$$

$$= \frac{13}{15} - \frac{11}{15} = \frac{2}{15}$$

$$\sigma_D(C_4) = \gamma_C(D) - \gamma_{C-\{C_4\}}(D) = \frac{|\text{POS}_C(D)|}{|U|} - \frac{|\text{POS}_{C-\{C_4\}}(D)|}{|U|}$$

$$= \frac{13}{15} - \frac{10}{15} = \frac{3}{15}$$

$$\sigma_D(C_5) = \gamma_C(D) - \gamma_{C-\{C_5\}}(D) = \frac{|\text{POS}_C(D)|}{|U|} - \frac{|\text{POS}_{C-\{C_5\}}(D)|}{|U|}$$

$$= \frac{13}{15} - \frac{13}{15} = 0$$

$$\sigma_D(C_6) = \gamma_C(D) - \gamma_{C-\{C_6\}}(D) = \frac{|\text{POS}_C(D)|}{|U|} - \frac{|\text{POS}_{C-\{C_6\}}(D)|}{|U|}$$

$$= \frac{13}{15} - \frac{10}{15} = \frac{3}{15}$$

$$\sigma_D(C_7) = \gamma_C(D) - \gamma_{C-\{C_7\}}(D) = \frac{|\text{POS}_C(D)|}{|U|} - \frac{|\text{POS}_{C-\{C_7\}}(D)|}{|U|}$$

$$= \frac{13}{15} - \frac{11}{15} = \frac{2}{15}$$

$$\sigma_D(C_8) = \gamma_C(D) - \gamma_{C-\{C_8\}}(D) = \frac{|\text{POS}_C(D)|}{|U|} - \frac{|\text{POS}_{C-\{C_8\}}(D)|}{|U|}$$

$$= \frac{13}{15} - \frac{13}{15} = 0$$

由上面的计算，可以得出论域中条件属性对于决策属性的重要性排序为：$C_4 = C_6 > C_1 = C_3 = C_7 > C_2 = C_5 = C_8$，根据得到的属性重要性排序，选取 5 位专家对各条件属性对决策属性的重要性进行打分，打分区间是根据条件属性的重要性排序提前规定的。专家打分如表 4 - 12 所示。

表 4 - 12　条件属性的专家打分

条件属性	分数区间	专家1	专家2	专家3	专家4	专家5	平均分
C_4	80 ~ 100	90	85	85	85	85	86
C_6	80 ~ 100	95	95	95	95	95	95
C_1	50 ~ 80	70	70	65	60	70	67
C_3	50 ~ 80	75	70	60	65	75	69
C_7	50 ~ 80	75	75	70	70	65	71
C_2	0 ~ 50	30	35	35	35	25	32
C_5	0 ~ 50	35	45	40	40	30	38
C_8	0 ~ 50	45	40	45	45	35	42

根据专家打分的结果，分别计算条件属性的权重值，计算过程如下：

$$86 + 95 + 67 + 69 + 71 + 32 + 38 + 42 = 500$$

C_4 的权重值为：$86/500 = 0.172$；C_6 的权重值为：$95/500 = 0.190$；

C_1 的权重值为：$67/500 = 0.134$；C_3 的权重值为：$69/500 = 0.138$；

C_7 的权重值为：$71/500 = 0.142$；C_2 的权重值为：$32/500 = 0.064$；

C_5 的权重值为：$38/500 = 0.076$；C_8 的权重值为：$42/500 = 0.084$。

由于条件属性与排土场的滑坡预警指标是一一对应的，因此求得的排土场滑坡预警指标的权重值即为上面条件属性的权重值，对应关系及指标的权重值如表4-13所示。

表4-13 排土场滑坡预警指标权重值

预警指标	黏聚力	内摩擦角	边坡角度	基底承载力	地震烈度	降雨条件	排土工艺	乱采乱挖
条件属性	C_1	C_2	C_3	C_4	C_5	C_6	C_7	C_8
权重分配	0.134	0.064	0.138	0.172	0.076	0.190	0.142	0.084

短期预警指标的权重介绍了两种计算方法，排土场灾害短期预警指标的权重值取两种方法的平均值，上一节应用未确知有理数计算得到的排土场灾害短期预警指标的权重值为：$W = (0.122, 0.119, 0.123, 0.131, 0.120, 0.135, 0.126, 0.124)$，经过计算得到排土场灾害短期预警指标的权重值为 $W = (0.128, 0.091, 0.131, 0.151, 0.098, 0.163, 0.134, 0.104)$。

4.3 基于 G1 法的中长期预警指标权重的确定

采用 G1 法对露天矿边坡灾害预警评价指标进行权重确定。以一级指标为例，确定一级评价指标的重要性序关系如下：

岩石力学性质 > 岩体结构面 > 岩体结构特性 > 地形地貌 > 工程

作用 > 降雨参数 > 安全监控，记为 $B_1 > B_2 > B_3 > B_4 > B_5 > B_6 > B_7$；按重要性序关系确定的评价指标相应的下属层，即二级评价指标分别记为 C_1、C_2、C_3、C_4。

在确定了各层指标的重要性序关系后，邀请三组专家对各评价指标的重要性程度 r_k 赋值，其结果如表 4-14 所示。

表 4-14　重要性程度 r_k 赋值调查表

序　号	一组专家	二组专家	三组专家	$\bar{r}_k$ 平均值
B_1	—	—	—	—
B_2	1.6	1.5	1.5	1.53
B_3	1.4	1.5	1.3	1.4
B_4	1.4	1.4	1.3	1.37
B_5	1.4	1.3	1.3	1.33
B_6	1.3	1.3	1.3	1.3
B_7	1.2	1.2	1.3	1.23

按 G1 法的原理计算指标权重：

$\bar{r}_2 \bar{r}_3 \bar{r}_4 \bar{r}_5 \bar{r}_6 \bar{r}_7 = 1.53 \times 1.4 \times 1.37 \times 1.33 \times 1.3 \times 1.23 = 6.241$

$\bar{r}_3 \bar{r}_4 \bar{r}_5 \bar{r}_6 \bar{r}_7 = 1.4 \times 1.37 \times 1.33 \times 1.3 \times 1.23 = 4.079$

$\bar{r}_4 \bar{r}_5 \bar{r}_6 \bar{r}_7 = 1.37 \times 1.33 \times 1.3 \times 1.23 = 2.914$

$\bar{r}_5 \bar{r}_6 \bar{r}_7 = 1.33 \times 1.3 \times 1.23 = 2.127$

$\bar{r}_6 \bar{r}_7 = 1.3 \times 1.23 = 1.599$

$\bar{r}_7 = 1.23$

$W_{B_7} = \left[1 + (6.214 + 4.079 + 2.914 + 2.127 + 1.599 + 1.23)\right]^{-1}$
$= 0.052$

$W_{B_6} = \bar{r}_7 W_{B_7} = 1.23 \times 0.052 = 0.064$

$W_{B_5} = \bar{r}_6 W_{B_6} = 1.3 \times 0.064 = 0.083$

$W_{B_4} = \bar{r}_5 W_{B_5} = 1.33 \times 0.083 = 0.111$

$W_{B_3} = \bar{r}_4 W_{B_4} = 1.37 \times 0.111 = 0.152$

$W_{B_2} = \bar{r}_3 W_{B_3} = 1.4 \times 0.152 = 0.213$

$W_{B_1} = \bar{r}_2 W_{B_2} = 1.53 \times 0.213 = 0.325$

二级指标权重计算过程这里不再赘述。二级指标相对于一级指标的权重值如表 4-15 所示。各评价指标最终权重计算结果如表 4-16 所示。

表 4-15 二级指标对一级指标权重值

二级指标	单轴湿抗压强度 C_{11}	岩性及其组合 C_{12}	内摩擦角 C_{21}	黏聚力 C_{22}	RQD C_{31}	节理面条件 C_{32}	岩体风化程度 C_{33}	地下水条件 C_{34}	边坡坡度 C_{41}
权重配比	0.95	0.05	0.61	0.39	0.65	0.12	0.12	0.11	0.54

二级指标	边坡高度 C_{42}	地应力 C_{51}	排水设施 C_{52}	爆破质点振动速度 C_{53}	地震烈度 C_{61}	最新日雨量 C_{62}	月累计雨量 C_{63}	地表位移监测 C_{71}	应急预案 C_{72}
权重配比	0.46	0.47	0.13	0.40	0.32	0.34	0.34	0.79	0.21

表 4-16 各评价指标权重计算结果

一级指标	指标权重分配 W_{B_i}	二级指标	指标权重分配 W_{C_i}
岩石力学性质	0.325	单轴湿抗压强度	0.309
		岩性及其组合	0.016
岩体结构面	0.213	内摩擦角	0.130
		黏聚力	0.083
岩体结构特性	0.152	RQD	0.099
		节理面条件	0.018
		岩体风化程度	0.018
		地下水条件	0.017
地形地貌	0.111	边坡坡度	0.060
		边坡高度	0.051
工程作用	0.083	地应力	0.039
		排水设施	0.010
		爆破质点振动速度	0.034
降雨参数	0.064	地震烈度	0.020
		最新日雨量	0.022
		月累计雨量	0.022
安全监控	0.052	地表位移监测	0.041
		应急预案	0.011

同理可以计算排土场灾害中长期预警指标的权重值为：W（内摩擦角，黏聚力，地基坡度，边坡高度，地震烈度，最新日雨量，月累计雨量，下游人数，下游财产，乱采乱挖，排水设施，应急预案，地表裂缝检查）＝（0.03，0.04，0.06，0.04，0.02，0.20，0.15，0.04，0.04，0.03，0.04，0.06，0.25）。

5 露天矿山边坡和排土场灾害预警方法的研究

5.1 边坡和排土场灾害预警方法的选取

预警方法的选择主要考虑具有知识库和自学习的功能，因此，在充分分析国内外各种预警方法的基础上，对比了各种具有知识库和自学习功能的智能预警方法。

（1）对于短期灾害预警，采用基于可拓理论的灾害预警方法和 RBF 神经网络预警方法，通过这两种方法的对比，可以相互检验结果的正确性。这两种预警方法的特点是高效、准确，适合于短期预警。

可拓学用"可拓"思想和形式化方法找到了一种解决矛盾问题的途径，为智能科学的发展提供了新的研究手段。国内外尚未有人系统地用形式化模型研究矛盾问题，如果加强可拓学的研究，特别是与计算机科学结合的研究，对我国智能科学走在国际前列是有帮助的。

RBF 在逼近能力、分类能力和学习速度等方面均优于 BP 人工神经网络，最为突出的优势是 RBF 网络预测的稳定性较高。

（2）对于中长期灾害预警，采用基于案例推理的预警方法和 BP 神经网络预警方法，通过这两种方法的对比，可以相互检验结果的正确性。这两种预警方法的特点是具有动态知识库、增量自学习的功能，适合于中长期预警。

案例推理通过寻找与新问题相似的历史案例，利用已有经验或结果中的特定知识即具体案例来解决新问题，它将定量分析与定性分析相结合。

BP 神经网络主要用于非线性的预警模型，对数据的分布要求不严格，具有自学习、自组织和自适应的特征，并兼备并行结构和并行处理、知识分布存储、容错性等优越性。

几种主要预警方法的特点及优缺点如表 5－1 所示。

表 5－1　主要预警方法的特点及优缺点

预警方法	方法特点	优　点	缺　点
专家系统	专家系统是一种模拟人类专家解决领域问题的计算机程序系统。一般采用人工智能中的知识表示和知识推理技术模拟通常由领域专家才能解决的复杂问题。专家系统的基本工程流程是，用户通过人机界面回答系统的提问，推理机将用户输入的信息与知识库中各个规则的条件进行匹配，并把被匹配规则的结论存放到综合数据库中，最后，专家系统将得出的最终结论呈现给用户	通过知识获取，可以扩充和修改知识库中的内容，也可以实现自动学习的功能	需要特定的计算机语言进行编程，实现难度比较大
基于人工神经网络（ANN）的预警评价方法	ANN 是在对大脑生理研究的基础上，模拟生物神经元的某些基本功能组件，其目的在于模拟大脑的某些机理与机制，通过事先不断地学习，可实现自学习的功能。人工神经网络模型主要是基于 BP 的神经网络模型。BP 神经网络可以实现输入与输出间的任意非线性映射，在模式识别、风险评价、自适应控制等方面有着最为广泛的应用，目前广泛应用于预警指标的评价。神经网络的学习功能包含了两个优化过程，一个是网络连接权重的优化学习，另一个是网络拓扑结构的优化学习	主要用于非线性的预警模型。对数据的分布要求不严格，具有自学习、自组织和自适应的特征，还兼备并行结构和并行处理、知识分布存储、容错性等优越性	BP 算法存在着自身的限制与不足，对于一些复杂的问题需要较长的学习时间，有时会使网络权值收敛到一个局部极小解，需要运用其他的改进方法
案例推理	案例推理（case based reasoning，简称 CBR）把当前所面临的新问题称为目标案例（target case），而把记忆的问题称为源案例（base case）。案例推理就是由目标案例的提示而获得记忆中的源案例，并由源案例来指导目标案例求解的一种策略。案例的获取比规则获取要容易，从而大大简化了知识获取，为边坡稳定性评价这样知识获取很不容易的复杂问题提供了一条新途径	它将定量分析与定性分析相结合，具有动态知识库和增量学习的特点	随着案例库中源案例不断增多，必然会引起边坡案例之间的相互矛盾，甚至不相容，这些问题还有待进一步的研究

预警方法	方法特点	优 点	缺 点
支持向量机方法	所谓支持向量是指那些在间隔区边缘的训练样本点。这里的"机 (machine, 机器)"实际上是一个算法。在机器学习领域，常把一些算法看做是一个机器。在地球物理反演当中解决非线性反演也有显著成效，例如支持向量机在预测地下水涌水量问题等。目前该算法主要应用于石油测井（利用测井资料预测地层孔隙度及黏粒含量）及天气预报等	支持向量机中的一大亮点是在传统的最优化问题中提出了对偶理论，主要有最大最小对偶及拉格朗日对偶	支持向量机参数影响其学习能力和泛化能力，因此如何选择最优支持向量机参数是一个关键的问题
遗传算法	遗传算法是一种基于生物自然选择与遗传机理的随机搜索算法，是一种仿生全局优化方法。遗传算法具有的隐含并行性、易于和其他模型结合等性质使得它在数据挖掘中被加以应用	利用遗传算法优化神经网络结构，在不增加错误率的前提下，删除多余的连接和隐层单元；用遗传算法和BP算法结合训练神经网络，然后从网络提取规则	遗传算法的算法较复杂，收敛于局部极小的较早收敛问题尚未解决

5.2 基于可拓理论的排土场灾害短期预警方法的研究及应用

5.2.1 可拓理论的评价预警模型

5.2.1.1 确定经典域

按照边坡和排土场预警指标评价标准，将边坡稳定性等级划分为 5 级，结合 n 维物元的概念，可以得到边坡稳定性的经典域物元 R_j。

$$R_j = (P_j, c_i, v_{ji}) = \begin{bmatrix} P_j & c_1 & v_{j1} \\ & c_2 & v_{j2} \\ & \vdots & \vdots \\ & c_n & v_{jn} \end{bmatrix} = \begin{bmatrix} P_j & c_1 & \langle a_{j1}, b_{j1} \rangle \\ & c_2 & \langle a_{j2}, b_{j2} \rangle \\ & \vdots & \vdots \\ & c_n & \langle a_{jn}, b_{jn} \rangle \end{bmatrix}$$

$$(5-1)$$

式中　　　　P_j——所划分边坡的稳定性等级（$j = 1, 2, \cdots, 5$）；

　　　　　　c_i——影响边坡稳定性等级的主要因素（$i = 1, 2, \cdots, 6$）；

$v_{ji} = \langle a_{ji}, b_{ji} \rangle$——边坡稳定性等级 P_j 关于 c_i 的取值范围，即边坡稳定性等级关于评价指标所取的对应量值范围。

5.2.1.2　确定节域

根据各评价指标 c_i 在整个评价体系中的取值范围建立节域 R_p。

$$R_p = (P, c_i, v_{pi}) = \begin{bmatrix} P & c_1 & v_{p1} \\ & c_2 & v_{p2} \\ & \vdots & \vdots \\ & c_n & v_{pn} \end{bmatrix} = \begin{bmatrix} P & c_1 & \langle a_{p1}, b_{p1} \rangle \\ & c_2 & \langle a_{p2}, b_{p2} \rangle \\ & \vdots & \vdots \\ & c_n & \langle a_{pn}, b_{pn} \rangle \end{bmatrix} \quad (5-2)$$

式中　P——边坡稳定性的全体等级；

　　　v_{pi}——c_i 在 P 条件下的取值范围，即 P 的节域，且 $v_{pi} = \langle a_{pi}, b_{pi} \rangle$，其中 i 为评价指标数，$i = 1, 2, \cdots, 6$。

5.2.1.3　确定待评边坡物元

根据待评边坡 6 个评价指标的具体量值建立待评边坡物元 R_0。

$$R_0 = (P_0, c_i, v_{0i}) = \begin{bmatrix} P_0 & c_1 & v_{01} \\ & c_2 & v_{02} \\ & \vdots & \vdots \\ & c_n & v_{0n} \end{bmatrix} \quad (5-3)$$

式中　P_0——待评边坡；

　　　v_{0i}——P_0 关于评价指标 c_i 的量值，即待评边坡各项指标的具体数据。

5.2.1.4　确定简单关联函数

根据可拓学理论，待评边坡各评价指标的简单关联函数如式（5-4）所示：

$$k_j(v_{0i}) = \begin{cases} \dfrac{2(v_{0i} - a_{ji})}{b_{ji} - a_{ji}}, & v_{0i} \leqslant \dfrac{a_{ji} + b_{ji}}{2} \\[3mm] \dfrac{2(b_{ji} - v_{0i})}{b_{ji} - a_{ji}}, & v_{0i} \geqslant \dfrac{a_{ji} + b_{ji}}{2} \end{cases} \quad (5-4)$$

5.2.1.5 确定初等关联函数

初等关联函数如式（5-5）所示，各评价指标的初等关联函数与其对应的权系数的乘积之和，就是关于某稳定性等级 j 的可拓关联度。

$$K_j(v_{0j}) = \begin{cases} \dfrac{\rho(v_{0i}, v_{ji})}{\rho(v_{0i}, v_{pi}) - \rho(v_{0i}, v_{ji})}, & \rho(v_{0i}, v_{pi}) - \rho(v_{0i}, v_{ji}) \neq 0 \\ -\rho(v_{0i}, v_{ji}) - 1, & \rho(v_{0i}, v_{pi}) - \rho(v_{0i}, v_{ji}) = 0 \end{cases} \tag{5-5}$$

式中 $\rho(v_{0i}, v_{ji})$ ——v_{0i} 与区间 v_{ji} 的距离。

根据距的定义 $\rho(v_{0i}, v_{ji})$、$\rho(v_{0i}, v_{pi})$ 可表示为

$$\rho(v_{0i}, v_{ji}) = \left| v_{0i} - \frac{a_{ji} + b_{ji}}{2} \right| - \frac{b_{ji} - a_{ji}}{2} = \begin{cases} a_{ji} - v_{0i}, & v_{0i} \leqslant \dfrac{a_{ji} + b_{ji}}{2} \\ v_{0i} - b_{ji}, & v_{0i} > \dfrac{a_{ji} + b_{ji}}{2} \end{cases} \tag{5-6}$$

$$\rho(v_{0i}, v_{pi}) = \left| v_{0i} - \frac{a_{pi} + b_{pi}}{2} \right| - \frac{b_{pi} - a_{pi}}{2} = \begin{cases} a_{pi} - v_{0i}, & v_{0i} \leqslant \dfrac{a_{pi} + b_{pi}}{2} \\ v_{0i} - b_{pi}, & v_{0i} > \dfrac{a_{pi} + b_{pi}}{2} \end{cases} \tag{5-7}$$

5.2.1.6 可拓关联度的确定

对每个指标 c_i 取其权重值为 ω_i，则待评边坡 P_0 关于等级 j 的关联度可表示为

$$K_j(P_0) = \sum_{i=1}^{n} \omega_i K_j(v_{0i}) \tag{5-8}$$

若 $K_j = \max\limits_{j \in (1, 2, \cdots, m)} k_j(N_x)$，则评价对象 N_x 的评价等级为 j，也就是说在计算的所有待评价物元与评价等级的关联度中，具有最大关联度的那个评价等级，即为待评价事物的评价等级。

如果 $$k_{j*}(N_x) = \frac{k_j(N_x) - \min\limits_{j \in (1, 2, \cdots, m)} k_j(N_x)}{\max\limits_{j \in (1, 2, \cdots, m)} k_j(N_x) - \min\limits_{j \in (1, 2, \cdots, m)} k_j(N_x)} \tag{5-9}$$

那么
$$j^* = \frac{\sum\limits_{j=1}^{m} j \cdot k_{j*}(N_x)}{\sum\limits_{j=1}^{m} k_{j*}(N_x)} \qquad (5-10)$$

则 j^* 为事物 N_x 的级别变量特征值。由级别变量特征值可以计算出待评价事物所在的评价等级的具体数值，有助于判断待评价事物的状态和发展趋势。

5.2.2 实例应用

本书选取马鞍山南山矿业公司高村排土场 2013 年 6 月的一组指标监测数据进行滑坡危险性预警，根据指标的预警准则，对每个预警指标进行相应的打分，预警指标的实际得分情况如表 5 - 2 所示。

表 5 - 2 高村排土场预警指标取值情况

预警指标	黏聚力	内摩擦角	边坡角度	基底承载力	地震烈度	降雨条件	排土工艺	乱采乱挖
得分	73	82	89	75	86	52	80	71

5.2.2.1 经典域物元

排土场边坡的稳定性分为五个等级：极稳定、稳定、基本稳定、不稳定和极不稳定，分别用 R_1、R_2、R_3、R_4、R_5 表示评价模型的经典域。

$$R_1 = \begin{bmatrix} N_5 & c_1 & <90 \sim 100> \\ & c_2 & <90 \sim 100> \\ & c_3 & <90 \sim 100> \\ & c_4 & <90 \sim 100> \\ & c_5 & <90 \sim 100> \\ & c_6 & <90 \sim 100> \\ & c_7 & <90 \sim 100> \\ & c_8 & <90 \sim 100> \end{bmatrix}$$

$$R_2 = \begin{bmatrix} N_4 & c_1 & <80 \sim 90> \\ & c_2 & <80 \sim 90> \\ & c_3 & <80 \sim 90> \\ & c_4 & <80 \sim 90> \\ & c_5 & <80 \sim 90> \\ & c_6 & <80 \sim 90> \\ & c_7 & <80 \sim 90> \\ & c_8 & <80 \sim 90> \end{bmatrix}$$

$$R_3 = \begin{bmatrix} N_3 & c_1 & <60 \sim 80> \\ & c_2 & <60 \sim 80> \\ & c_3 & <60 \sim 80> \\ & c_4 & <60 \sim 80> \\ & c_5 & <60 \sim 80> \\ & c_6 & <60 \sim 80> \\ & c_7 & <60 \sim 80> \\ & c_8 & <60 \sim 80> \end{bmatrix}$$

$$R_4 = \begin{bmatrix} N_2 & c_1 & <40 \sim 60> \\ & c_2 & <40 \sim 60> \\ & c_3 & <40 \sim 60> \\ & c_4 & <40 \sim 60> \\ & c_5 & <40 \sim 60> \\ & c_6 & <40 \sim 60> \\ & c_7 & <40 \sim 60> \\ & c_8 & <40 \sim 60> \end{bmatrix}$$

$$R_5 = \begin{bmatrix} N_1 & c_1 & <0 \sim 40> \\ & c_2 & <0 \sim 40> \\ & c_3 & <0 \sim 40> \\ & c_4 & <0 \sim 40> \\ & c_5 & <0 \sim 40> \\ & c_6 & <0 \sim 40> \\ & c_7 & <0 \sim 40> \\ & c_8 & <0 \sim 40> \end{bmatrix}$$

5.2.2.2 节域物元和待评价物元

评价模型中的节域物元 R_p 和待评物元 R_x 分别表示为

$$R_p = \begin{bmatrix} N & c_1 & <0 \sim 100> \\ & c_2 & <0 \sim 100> \\ & c_3 & <0 \sim 100> \\ & c_4 & <0 \sim 100> \\ & c_5 & <0 \sim 100> \\ & c_6 & <0 \sim 100> \\ & c_7 & <0 \sim 100> \\ & c_8 & <0 \sim 100> \end{bmatrix}$$

$$R_x = \begin{bmatrix} N_x & c_1 & 73 \\ & c_2 & 82 \\ & c_3 & 89 \\ & c_4 & 75 \\ & c_5 & 86 \\ & c_6 & 52 \\ & c_7 & 80 \\ & c_8 & 71 \end{bmatrix}$$

根据上文给出的计算公式,首先计算单指标的关于评价等级的关联度,又已知各预警指标的权重值为 W(黏聚力,内摩擦角,边坡角度,基底承载力,地震烈度,降雨条件,排土工艺,乱采乱挖) = W(0.128,0.091,0.131,0.151,0.098,0.163,0.134,0.104),计算待评价物元关于评价等级的综合关联度,计算的关联度结果保留三位小数,如表 5-3 所示。

表 5-3 预警指标对应于评价等级的关联度

等级 j	$K_j(C_1)$	$K_j(C_2)$	$K_j(C_3)$	$K_j(C_4)$	$K_j(C_5)$	$K_j(C_6)$	$K_j(C_7)$	$K_j(C_8)$
极稳定(N_5)	-0.386	-0.308	-0.083	-0.375	-0.222	-0.442	-0.333	-0.396
稳定(N_4)	-0.206	0.200	0.100	-0.167	0.400	-0.368	0.000	-0.237

等级 j	$K_j(C_1)$	$K_j(C_2)$	$K_j(C_3)$	$K_j(C_4)$	$K_j(C_5)$	$K_j(C_6)$	$K_j(C_7)$	$K_j(C_8)$
基本稳定(N_3)	0.350	-0.100	-0.450	0.250	-0.300	-0.143	0.000	0.450
不稳定(N_2)	-0.325	-0.550	-0.725	-0.375	-0.650	0.400	-0.500	-0.275
极不稳定(N_1)	-0.550	-0.700	-0.817	-0.583	-0.767	-0.200	-0.667	-0.517

根据上面预警指标对应于评价等级的关联度, 结合指标的权重值, 得到待评价物元的综合关联度为

$$K_5(N_x) = -0.566, K_4(N_x) = -0.311, K_3(N_x) = 0.009,$$
$$K_2(N_x) = -0.089, K_1(N_x) = -0.329$$

因为 $K_j = \max\limits_{j \in (1,2,\cdots,m)} k_j(N_x)$, 由上面计算可知, $K_3(N_x) = 0.009$ 是五个评价等级中最大值, 因此最大关联度是 0.009, 所对应的评价等级为稳定, 即为待评价排土场的边坡稳定等级是基本稳定的, 根据预警准则的对应关系, 可知, 该排土场的滑坡预警等级为Ⅲ级预警, 即黄色预警。计算得出待评价物元的级别变量特征值为

$$\overset{*}{j} = \frac{-0.329 + 2 \times (-0.089) + 3 \times 0.009 + 4 \times (-0.311) + 5 \times (-0.566)}{-1.286}$$

$$= 3.541$$

由级别变量特征值可以看出, 此次评价的等级在基本稳定和稳定之间, 略偏向于稳定状态, 也就说明此排土场的稳定状态比较好, 预警等级为Ⅲ级, 此次评价的预警等级在蓝色预警和黄色预警之间, 主要偏向于蓝色预警等级, 也就说明此时排土场存在发生滑坡的风险, 但是风险不大, 矿山企业根据上述判断可以采取相应的应急预案和安全防护措施。

5.3 基于 RBF 神经网络的边坡灾害短期预警方法的研究及应用

5.3.1 RBF 神经网络的结构和算法

5.3.1.1 RBF 的基函数
径向基函数的一个通用表达式为

$$h(\boldsymbol{x}) = \varphi(\boldsymbol{x} - \boldsymbol{c})^{\mathrm{T}} \boldsymbol{E}^{-1}(\boldsymbol{x} - \boldsymbol{c}) \qquad (5-11)$$

式中 φ——径向函数；

     c——函数的中心向量；

     E——一个变换矩阵，通常为 Euclidean 矩阵，在矩阵 E 定义的条件下 $(x-c)^{\mathrm{T}}E^{-1}(x-c)$ 表示对输入向量 x 与中心 c 的距离的一种衡量。

如果 E 代表的是一个 Euclidean 矩阵，在这种条件下，$E = r^2I$，r 为径向基函数半径，则式（5－11）简化为：$h(x) = \varphi((x-c)^{\mathrm{T}}(x-c)/r^2)$。一般情况下，又进一步简化为

$$h(x) = \varphi(\|x-c\|^2/r^2)$$

下面是几类常用的径向基函数，如：

高斯函数（Gaussian Function）：

$$\varphi(x) = \mathrm{e}^{-\|x\|^2} \tag{5－12}$$

多二次函数（Mulitiquadric Function）：

$$\varphi(\|x\|) = (1 + \|x\|^2)^{\frac{1}{2}} \tag{5－13}$$

逆多二次函数（Inverse Multiquadric Function）：

$$\varphi(\|x\|) = (1 + \|x\|^2)^{-\frac{1}{2}} \tag{5－14}$$

其中最常用的是高斯函数，它具有以下优点：（1）表达形式简单，即使对于多变量输入也不增加太多的复杂性；（2）径向对称；（3）存在任意阶导数；（4）解析性好，有利于理论分析。

5.3.1.2 RBF 神经网络结构

最基本形式的径向基函数网络的构成包括三层，如图 5－1 所示。输入层由源节点组成，它们将网络与外界世界联系起来，将输入信号传递到隐含层节点。第二层是网络中仅有的隐含层，它的作用是实现输入空间到隐含空间的非线性变换，这种非线性变换是通过隐含节点的径向基函数实现的，该函数能够对输入信号产生局部响应，当输入信号靠近该函数的中心范围时，隐含层节点将产生较大的输出。在大多数情况下，隐含空间有较高的维数。其单元层数的选择是一个比较复杂的问题，节点数目也要根据具体问题的需要确定。第三层是输出层，输出层神经元是线性的，它为作用于输入层的输入模式提供响应。

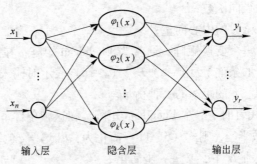

图 5-1　RBF 网络结构模型

RBF 网络输入层到隐含层的变换是非线性的，径向基函数取高斯函数，则隐层第 k 个节点的输出为

$$h_k(\boldsymbol{x}_i) = \exp\left(-\frac{\|\boldsymbol{x}_i - \boldsymbol{c}_k\|^2}{2\sigma_k^2}\right) \qquad (5-15)$$

式中　$\boldsymbol{c}_k$——第 k 个隐节点的中心向量，$\boldsymbol{c}_k = (c_{1k}, c_{2k}, \cdots, c_{pk})^{\mathrm{T}}$；

　　　σ_k——第 k 个隐节点的宽度；

$\|*\|$——欧几里德范数。

隐含层到输出层的映射是线性的，即网络的实际输出是各单元响应的线性和。整个网络的输出方程为

$$y(i) = w_0 + \sum_{k=1}^{m} w_i h(\boldsymbol{x}_i) \qquad (5-16)$$

式中　m——当前网络中隐节点的个数；

　　　w_0——偏移量；

　　　w_i——输出层与隐层第 k 个节点间的连接权值。

由于输出层是线性函数，网络输出是径向基网络输出的线性组合，从而很容易达到从非线性输入空间向输出空间映射的目的。

5.3.1.3　RBF 网络的学习算法

RBF 神经网络的学习算法由两部分组成：（1）对所有输入样本进行聚类，确定各隐层节点的数据中心 c_i 和扩展常数 b_i，属于无监督学习。（2）确定好隐层节点的参数后，采用合适的算法确定隐层到输出层的连接权值，属于有监督学习。由于 RBF 网络为线性参数网络，两部分采用的学习算法不同，应分别进行各自参数的调整。

学习算法是为解决神经网络的权值调整问题而规定的一组规则，是神经网络实现其功能所必需的。神经网络的学习过程是利用输入输出的样本数据，通过预先确定的学习算法进行网络连接权值的调整实现的，简单地说，学习过程就是网络权值的调整过程。神经网络学习的目的是使网络能用一组输入矢量产生一组期望的输出矢量。

RBF 神经网络的学习算法很多，常用的有正交最小二乘算法、梯度下降训练算法、自组织学习算法。

正交最小二乘法可以控制学习误差的范围，并且可以在获取输出权值的同时确定隐藏层节点的个数，但是，该方法是从样本数据中直接获取数据中心，所构建的网络能否正确体现输入与输出的关系需要进一步研究，且它无法直接计算出合适的节点宽度。通过不断地增加神经元个数来减小误差，可能导致构建的网络隐藏层节点数量过多，影响网络的泛化能力。

梯度下降训练算法通过最小化目标函数来修正网络的参数，该算法的学习步长通常是根据经验来设置的，步长的变换会对网络的输出产生较大的影响，而且，由于网络目标函数误差曲面较为复杂，权值的最终解往往靠近曲面上最初权值点，将导致网络收敛速度减慢，容易陷入局部极小。

自组织学习算法首先用 K 均值聚类算法将输入向量进行聚类获得数据中心，隐藏层节点的宽度是通过计算各个聚类中心之间的距离确定的，然后使用最小均方误差法、伪逆法或是使用有监督学习的梯度法来求得权值，但是使用这些方法求解权值容易受到局部极小值的限制，可能会存在数据病态现象。

5.3.1.4　RBF 网络的中心选取算法

RBF 神经网络隐层节点的数据中心对网络的学习影响很大，只要网络基函数中心选择的适当，就可以获得快速的函数逼近效果。构造和训练一个 RBF 神经网络就是要使映射函数通过学习确定每个隐层神经元基函数的中心 c_j、宽度 σ_j 以及隐层到输出层的权值 w_i 这些参数的过程，从而可以完成所需的输入到输出的映射。隐含层的中心和宽度代表了样本空间模式及各中心的相对位置，完成的是从输入空间到隐含层空间的非线性映射。而输出层的权值是实现从隐含层空间到输出空间的线性映射。必须明确，RBF 网络的核心是隐含层的设计，中心的选取是否合适将从根本上影响 RBF 网络的最终性能。因此，建立 RBF 网络模型的关键在于选择合适的中心向量，它在很大程度上决定了 RBF 网络性能的好坏。

目前，确定中心的常用方法有以下几类：

(1) 随机选取 RBF 中心（直接计算法）。这是确定 RBF 中心一种最简单的方法，RBF 中心从输入样本数据中随机选取且固定。这样隐单元输出就是已知向量，网络的连接权就可通过解线性方程组来确定。对于给定的问题，如果样本数据的分布具有典型性，则此方法是一种简单可行的方法。但在大多数情况下，由于输入数据样本具有一定的冗余性，这种中心的选取方法就显得无能为力了。

(2) 有监督学习选取 RBF 中心。在这种方法中，RBF 中心以及网络的其他自由参数都是通过有监督的学习来确定的，一般是通过梯度下降法、共轭梯度法等方法来确定。

(3) 自组织学习算法选取 RBF 中心。在这种方法中，RBF 网络的中心通过自组织学习来确定其位置。自组织学习的目的是使 RBF 网络的中心位于输入空间重要的区域，使选取的中心形成一个特定的分布规律，它表征着输入样本空间的固有特征。

(4) 正交回归方法选取 RBF 中心。这是一种重要的 RBF 网络学习方法，RBF 中心从样本数据中按照一定规则合理地选取，隐层单元数目在学习过程中动态调节，并且可以保证学习误差不大于给定值。

(5) 采用进化优选算法选取 RBF 网络中心。该方法利用进化策略在求解空间内对选择路径进行多点随机搜索，并找出最优路径。由于进化策略的随机性，因此所有的选择路径都有可能被搜索，这使它有可能找到网络全局最优解。

需要指出的是，目前虽然有很多确定 RBF 神经网络中心的方法，但采用更加简单有效的方法，得到最优的神经网络中心 c_i，依然是今后神经网络需要研究的重要内容之一。

5.3.2 RBF 神经网络的预警模型

5.3.2.1 输入层和输出层设计

输入变量的选择对建立 RBF 神经网络的性能十分重要，参数选择得不合理，将会严重影响模型的性能，甚至导致建模的失败。因此，在建立预测模型前，需选择与边坡稳定性密切相关的因素作为输入变量。如前文所述，本书通过学习大量文献及现场调研建立了预警指标体系，分别从岩体结构面、地形地貌、岩石力学性质 3 个方面总结归纳出黏聚力、内摩擦角、边坡角、边坡高度、孔隙水压力比、容重 6 个指标。因此，本书将 RBF 神经网络模型的输入层神经元个数定为 6 个。同时，为了对马鞍山南山铁矿进行预警工作，我们对矿山的稳定状态进行了分级，分级状态如表 5-4 所示。根据分级表我们确定输出神经元的个数为 5 个。

表 5-4 矿山安全分级状态表

级别	I	II	III	IV	V
状态	极稳定	稳定	基本稳定	不稳定	极不稳定
期望输出值	[10000]	[01000]	[00100]	[00010]	[00001]

5.3.2.2 隐含层的设计

隐层神经元数目的选择是一个十分复杂的问题，常常需要根据设计者的经验和多次试验来确定。因而不存在一个理想的解析式来确定其个数。隐层神经元的个数与问题的要求，与输入、输出层神经元的个数有着直接的关系。隐层神经元个数太多会导致学习时间过长，误差不一定最佳，还会导致容错性差，不能识别以前没有看到的样本。因此，本书隐层神经元的个数将通过对样本学习的多次试验来确定。

经过上面的分析，最终确定了马鞍山南山矿边坡预警 RBF 神经网络模型，它是由 6 个输入神经元、5 个输出神经元和 18 个隐层神经元构成的 3 层网络结构。隐层神经元的个数是通过对样本数据的多次试验确定的，具体确定过程将在下文详细介绍。由于 RBF 神经网络运算过程比较复杂，所以本书借助于 Matlab 神经网络工具箱来实现其运算过程。

选取表 5 – 5 中的前 20 个样本数据，用来完成 RBF 神经网络的学习，剩余的 5 个作为测试数据。利用以下代码对网络进行训练。

表 5 – 5　各指标样本数据

序号	黏聚力 /MPa	内摩擦角 /(°)	边坡角 /(°)	边坡高度 /m	孔隙水压力比	容重 /kN·m⁻³
1	0.015	30	25	10.7	0.38	18.8
2	0.055	36	45	239	0.25	25
3	0.025	13	22	10.7	0.35	20.4
4	0.033	11	16	45.7	0.2	20.4
5	0.063	32	44.5	239	0.25	25
6	0.063	32	46	300	0.25	25
7	0.014	25	20	30.5	0.45	18.8
8	0.007	30	31	76.8	0.38	21.5
9	0.048	40	45	330	0.25	25
10	0.069	37	47.5	263	0.25	31.3
11	0.012	26	30	88	0.45	14
12	0.024	30	45	20	0.12	18
13	0.069	37	47	270	0.25	31.3
14	0.059	35.5	47.5	438	0.25	31.3
15	0.1	40	45	15	0.25	22.4
16	0.02	36	45	50	0.5	20
17	0.068	37	47	360	0.25	31.3
18	0.068	37	8	305.5	0.25	31.3
19	0.005	30	20	8	0.3	18
20	0.035	35	42	359	0.25	27
21	0.04	35	43	420	0.25	27
22	0.05	40	42	407	0.25	27
23	0.032	33	42.4	289	0.25	27
24	0.014	31	41	110	0.25	27.3
25	0.032	33	42.6	301	0.25	27

（1）在 Matlab 命令窗口键入神经网络的原始样本数据向量，利用 Matlab 程序语言将原始数据归一化处理得到神经网络的输入向量

p；并键入目标向量 t。程序代码如下：

>> p = [0.015, 30, 25, 10.7, 0.38, 18.8; 0.055, 36, 45, 239, 0.25, 25; 0.025, 13, 22, 10.7, 0.35, 20.4; 0.033, 11, 16, 45.7, 0.2, 20.4; 0.063, 32, 44.5, 239, 0.25, 25; 0.063, 32, 46, 300, 0.25, 25; 0.014, 25, 20, 30.5, 0.45, 18.8; 0.007, 30, 31, 76.8, 0.38, 21.5; 0.048, 40, 45, 330, 0.25, 25; 0.069, 37, 47.5, 263, 0.25, 31.3; 0.012, 26, 30, 88, 0.45, 14; 0.024, 30, 45, 20, 0.12, 18; 0.069, 37, 47, 270, 0.25, 31.3; 0.059, 35.5, 47.5, 438, 0.25, 31.3; 0.1, 40, 45, 15, 0.25, 22.4; 0.02, 36, 45, 50, 0.5, 20; 0.068, 37, 47, 360, 0.25, 31.3; 0.068, 37, 8, 305.5, 0.25, 31.3; 0.005, 30, 20, 8, 0.3, 18; 0.035, 35, 42, 359, 0.25, 27];

>> for j = 1 : 6

    p(: ,j) = (p(: ,j) – min(p(: ,j)))/(max(p(: ,j)) – min(p(: ,j)))

    end

p =

0.1053	0.6552	0.4304	0.0063	0.6842	0.2775
0.5263	0.8621	0.9367	0.5372	0.3421	0.6358
0.2105	0.0690	0.3544	0.0063	0.6053	0.3699
0.2947	0	0.2025	0.0877	0.2105	0.3699
0.6105	0.7241	0.9241	0.5372	0.3421	0.6358
0.6105	0.7241	0.9620	0.6791	0.3421	0.6358
0.0947	0.4828	0.3038	0.0523	0.8684	0.2775
0.0211	0.6552	0.5823	0.1600	0.6842	0.4335
0.4526	1.0000	0.9367	0.7488	0.3421	0.6358
0.6737	0.8966	1.0000	0.5930	0.3421	1.0000
0.0737	0.5172	0.5570	0.1860	0.8684	0
0.2000	0.6552	0.9367	0.0279	0	0.2312
0.6737	0.8966	0.9873	0.6093	0.3421	1.0000
0.5684	0.8448	1.0000	1.0000	0.3421	1.0000
1.0000	1.0000	0.9367	0.0163	0.3421	0.4855
0.1579	0.8621	0.9367	0.0977	1.0000	0.3468
0.6632	0.8966	0.9873	0.8186	0.3421	1.0000
0.6632	0.8966	0	0.6919	0.3421	1.0000
0	0.6552	0.3038	0	0.4737	0.2312
0.3158	0.8276	0.8608	0.8163	0.3421	0.7514

输入目标向量：

≫ t = [10000；10000；10000；00001；10000；10000；10000；01000；10000；00100；00100；10000；00010；00010；10000；10000；00010；10000；10000；00001]；

（2）用 newrb 函数新建一个 RBF 神经网络，进行网络的训练，代码如下：

```
≫ p = p';
≫ t = t';
≫ goal = 0.001;
≫ spread = 0.5;
≫ net = newrb (p, t, goal, spread);
```

训练误差曲线图如图 5 - 2 所示。

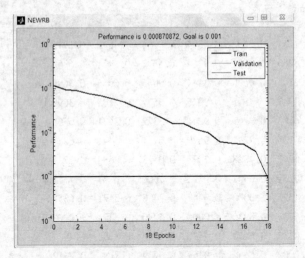

图 5 - 2　RBF 神经网络训练误差曲线

由图 5 - 2 可知，神经网络经过 18 步学习收敛，网络误差达到 10^{-3}。在样本数据学习过程中本书通过不断改变 spread 的值，观察它对输出的影响。当 spread 的值为 0.1 时，神经网络经过 8 步收敛，但是收敛的效果不是很好，如图 5 - 3 所示。当其值以步长 0.1 逐渐增加到 0.5 时，达到如图 5 - 2 的收敛效果，再继续增大时其收敛效果如图 5 - 4 所示。反复测试后，本书将 spread 的值定为 0.5，即确定 RBF 神经网络结构为 6—18—5。

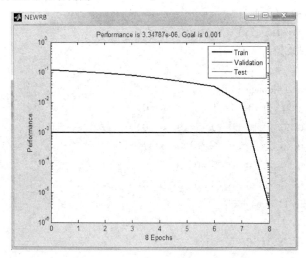

图 5 - 3　spread = 0. 1 时误差曲线

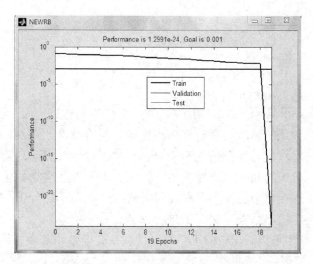

图 5 - 4　spread = 1 时误差曲线

（3）因为概率神经网络是一种适用于分类问题的径向基神经网络，而本书的期望输出是预警等级，故将 newpnn 函数应用于本书，再用 vec2ind（）函数将向量组转换为数据索引向量。代码如下：

```
≫ net1 = newpnn（p，t）;
≫ y = sim（net1，p）
≫ yc = vec2ind（y）
```
输出结果为:

y =

Columns 1 through 13

```
1  1  1  0  1  1  1  0  1  0  0  1  0
0  0  0  0  0  0  0  1  0  0  0  0  0
0  0  0  0  0  0  0  0  0  1  1  0  0
0  0  0  0  0  0  0  0  0  0  0  0  1
0  0  0  1  0  0  0  0  0  0  0  0  0
```

Columns 14 through 20

```
0  1  1  0  1  1  0
0  0  0  0  0  0  0
0  0  0  0  0  0  0
1  0  0  1  0  0  0
0  0  0  0  0  0  1
```

yc =

Columns 1 through 13

```
1  1  1  5  1  1  1  2  1  3  3  1  4
```

Columns 14 through 20

```
4  1  1  4  1  1  5
```

通过训练的输出结果与期望值比较，网络准确地识别了学习样本，实际输出值与期望值完全吻合，建立了稳定性影响因素与边坡滑坡预警等级之间的非线性关系。因此，RBF 神经网络的学习过程结束。下面用剩余的 5 个样本数据测试已经训练好的 RBF 神经网络模型，并将输出结果与实际值进行误差比较，结果如图 5-5 所示。从图 5-5 中可以看出，除第一组测试数据有误差外其余四组绝对误差为 0，而第一组数据的测试等级为 5 级，即极不稳定状态，实际等级为 4 级，即不稳定状态，边坡状态处于同一状态区间，即不稳定区间，测试误差在允许范围内，说明 RBF 神经网络建立的预测模型是合理的、可靠。学习好的 RBF 神经网络具备了回判能力，可以用来对边坡稳定性进行预警。

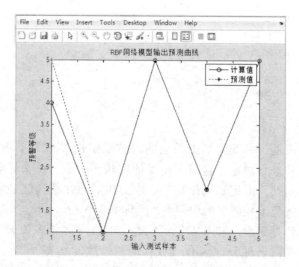

图 5 - 5　测试数据期望值与实际值误差曲线

5.3.3　实例应用

RBF 神经网络边坡稳定性预警模型经过上面的学习训练，已经具备了从影响边坡稳定性的 6 个因素到 5 个预警等级的复杂非线性映射关系，下面利用所建立的模型对马鞍山南山矿进行预警。

通过到马鞍山铁矿进行调研，从马鞍山矿山研究院所提供的资料里收集整理了南山矿的相关数据，并与南山矿管理人员进行沟通确认，从南山矿西北帮和东南帮数据中分别选出一组进行预警，数据如表 5 - 6 所示。

表 5 - 6　南山矿待预警数据

序号	黏聚力 /MPa	内摩擦角 /(°)	边坡角 /(°)	边坡高度 /m	孔隙水 压力比	容重 /kN·m^{-3}
1	0.074	31.1	24	115	0.25	18.8
2	0.012	25	37.5	145	0.25	14

程序代码如下：

```
≫y1 = sim（net1, p1）
y1 =
    1    0
```

```
      0  0
      0  1
      0  0
      0  0
≫ yc1 = vec2ind（y1）
yc1 =
      1  3
```

由此可见，马鞍山南山采场的边坡稳定性等级为 1 级和 3 级，即极稳定和基本稳定，这与南山矿的现状相一致，说明该模型具有一定的实用性。由现场调研得知，南山矿对西北帮边坡稳定性进行了研究并实施了相应的治理措施，具体如图 5 - 6 所示。东南帮的边坡状态虽然是 3 级，即基本稳定状态，但也应对其多加关注，从现场观察，东南帮部分地区有岩石剥落和松散的状态，如图 5 - 7 和 5 - 8 所示。如果这种现象进一步扩大，建议对其进行相应的治理。

图 5 - 6　南山矿西北帮边坡

图 5 - 7　南山矿东南帮边坡

图 5 - 8　南山矿东南帮边坡（2）

5.4 基于 BP 神经网络的边坡灾害中长期预警方法的研究及应用

5.4.1 BP 神经网络的结构和算法

  BP 神经网络是 1986 年由以 Rumelhart 和 McCelland 为首的科学家提出的，是一种按误差逆传播算法训练的多层前馈网络，是目前应用最广泛的神经网络模型之一。BP 网络能学习和存储大量的输入 – 输出模式映射关系，而无须事前揭示描述这种映射关系的数学方程。它的学习规则是使用最速下降法，通过反向传播来不断调整网络的权值和阈值，使网络的误差平方和最小。

  BP 网络模型具体网络拓扑结构包括输入层、隐含层和输出层，网络结构如图 5 – 9 所示。每层包含若干神经元，同层神经元间无联系，上下层间全连接。BP 网络学习过程分为正向和反向传播 2 个部分。获取学习样本后，先由输入层经中间各层依次传递到输出层，输出层将学习结果与其获取的期望映射进行比较，按照减少误差的方向，从输出层反向经各中间层逐层修正各连接权值，最后回到输入层。这一过程反复进行，直到网络输出误差小于规定值时训练才完成。

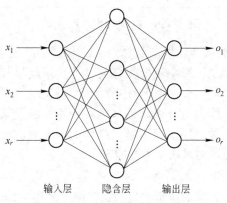

图 5 – 9　BP 神经网络结构

5.4.1.1 BP 神经网络构建

  BP 神经网络包括以下几个步骤：BP 神经网络构建、BP 神经网络训练和 BP 神经网络使用，算法流程如图 5 – 10 所示。

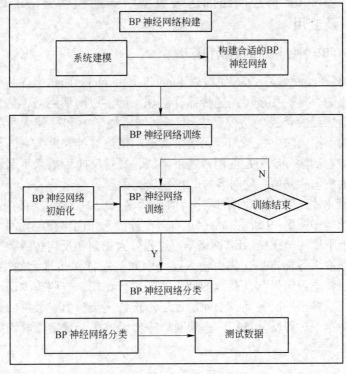

图 5-10 BP 神经网络算法流程

BP 神经网络的隐含层节点数对 BP 神经网络预测精度有较大的影响：节点数太少，网络不能很好地学习，需要增加训练次数，训练的精度也受影响；节点数太多，训练时间增加，网络容易过拟合。在实际问题中，隐含层节点数的选择首先是参考公式来确定节点数的大概范围。然后，用试凑法确定最佳的节点数。对于某些问题来说，隐含层节点数对输出结果影响较小。

5.4.1.2 BP 网络训练的执行步骤

在反向传播算法应用于前馈多层网络，采用 sigmoid 为激发面数时，可用下列步骤对网络的权系数 W_{ij} 进行递归求取。注意对于每层有 n 个神经元的时候，即有 $i = 1, 2, 3, \cdots, n$；$j = 1, 2, 3, \cdots, n$。对于第 k 层的第 i 个神经元，则有 n 个权系数 $W_{i1}, W_{i2}, \cdots, W_{in}$，另外取多一个 W_{in+1} 用于表示阈值 θ_i；并且在输入样本 X 时，

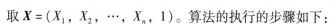

取 $X = (X_1, X_2, \cdots, X_n, 1)$。算法的执行的步骤如下：

（1）对权系数 W，置初值。对各层的权系数 W_{ij} 置一个较小的非零随机数，但其中 $W_{i,n+1} = -\theta$。

（2）输入一个样本 $X = (X_1, X_2, \cdots, X_n, 1)$ 以及对应期望输出 $Y = (Y_1, Y_2, \cdots, Y_n)$。

（3）计算各层的输出。对于第 k 层第 i 个神经元的输出 X_{ik}，有

$$U_i^k = \sum_{j=1}^{n+1} W_{ij} X_j^{k-1}$$

$$X_{n+1}^{k-1} = 1, \qquad W_{i,n+1} = -\theta$$

$$X_i^k = f(U_i^k)$$

（4）求各层的学习误差 d_i^k。对于输出层有 $k = m$，有

$$d_i^m = X_i^m (1 - X_i^m)(X_i^m - Y_i)$$

对于其他各层，有

$$d_i^k = X_i^k (1 - X_i^k) \sum_i W_{ii} d_i^{k+i}$$

（5）修正权系数 W_{ij} 和阈值 θ。

$$W_{ij}(t+1) = W_{ij}(t) - \eta d_i^k X_i^{k-1} + \alpha \Delta W_{ij}(t)$$

$$\Delta W_{ij}(t) = -\eta d_i^k X_j^{k-1} + \alpha \Delta W_{ij}(t-1) = W_{ij}(t) - W_{ij}(t-1)$$

式中　η——学习速率，即步长，$\eta = 0.1 \sim 0.4$；

　　　α——权系数修正常数，取 $0.7 \sim 0.9$。

（6）当求出了各层各个权系数之后，可按给定品质指标判别是否满足要求。如果满足要求，则算法结束；如果未满足要求，则返回（3）执行。

这个学习过程，对于任意给定的样本 $X_p = (X_{p1}, X_{p2}, X_{pn}, 1)$ 和期望输出 $Y_p = (Y_{p1}, Y_{p2}, \cdots, Y_{pn})$ 都要执行，直到满足所输出均方差小于给定误差，BP 网络学习完毕。

5.4.2　BP 神经网络的预警模型

将 BP 神经网络应用到露天采场边坡及排土场预警过程主要是网络的结构设计，包括确定 BP 网络层数、确定各层神经元数目，以及选取激励函数。至于训练样本，本书运用 Matlab 软件工具箱来训练样本集合，从而得到训练好的网络结构，最后，选取实例样本代入

计算，验证其正确性。

5.4.2.1 数据的选取及处理

选择恰当的指标是关系到边坡灾害预警结果是否准确可靠的一个重要问题。在已有研究成果分析的基础上，本书针对露天矿山边坡的实际情况，选取对研究有重要意义的 18 项指标进行分析，分别为单轴湿抗压强度 d_1（MPa）、内摩擦角 d_2（°）、黏聚力 d_3（MPa）、RQD d_4、边坡坡度 d_5（°）、边坡高度 d_6（m）、地应力 d_7（MPa）、爆破质点振动速度 d_8（cm/s）、地震烈度 d_9、最新日雨量 d_{10}（mm）、月累计雨量 d_{11}（mm）、地表位移监测 d_{12}（cm）、应急预案 d_{13}、节理面特性 d_{14}、岩体风化程度 d_{15}、排水设施 d_{16}、地下水条件 d_{17}、岩性及其组合 d_{18}。将不可量化的指标由极稳定到极不稳定依次记为 1~5，同时，将边坡的稳定性分为 5 级。

本书根据文献分析及现场调研收集了与所研究边坡相似的 20 组样本数据，如表 5-7 所示。

表 5-7 样本数据

指标	d_1	d_2	d_3	d_4	d_5	d_6	d_7	d_8	d_9	d_{10}	d_{11}	d_{12}	d_{13}	d_{14}	d_{15}	d_{16}	d_{17}	d_{18}
样本 1	95	30	0.015	93	25	10.7	1.5	8	1.5	5	65	0.3	1	1	2	1	1	1
样本 2	93	36	0.055	94	45	239	2	6	2	8	70	0.25	2	1	1	1	1	2
样本 3	94	13	0.025	94	45	10.7	1.3	6	3	12	65	0.2	1	2	2	1	1	1
样本 4	21	11	0.033	25	45	45.7	23	73	7	20	255	3	4	3	3	1	1	3
样本 5	91	32	0.063	89	44.5	239	2	7	3	10	80	0.12	1	1	1	1	1	1
样本 6	95	32	0.063	90	46	300	2	5	5	9	96	0.12	1	1	1	1	1	1
样本 7	97	25	0.014	93	20	30.5	1.4	8	1	8	76	0.6	1	1	1	2	1	2
样本 8	82	30	0.007	89	31	76.8	6	15	5	5	154	0.6	3	1	1	2	1	1
样本 9	96	40	0.048	90	45	330	2.3	4	2	18	67	0.3	1	1	1	1	1	1
样本 10	63	37	0.069	55	47.5	263	14	25	6	3	146	1.5	4	3	3	1	1	3
样本 11	66	26	0.012	60	30	88	16	24	5	5	134	1.7	2	1	1	1	1	1
样本 12	92	30	0.024	91	45	20	2	2	3	4	32	0.2	1	1	1	1	1	1
样本 13	41	37	0.069	39	47	270	18	53	6.5	45	210	2.1	1	2	1	2	1	2
样本 14	42	35.5	0.059	38	47.5	438	20	62	7	53	250	2.2	1	2	2	1	1	1
样本 15	95	40	0.1	94	45	15	1	5	5	15	45	0.3	1	1	1	1	1	1
样本 16	98	36	0.02	91	45	50	2	8	5	6	57	0.1	4	2	1	1	1	3

指标	d_1	d_2	d_3	d_4	d_5	d_6	d_7	d_8	d_9	d_{10}	d_{11}	d_{12}	d_{13}	d_{14}	d_{15}	d_{16}	d_{17}	d_{18}
样本 17	40	37	0.068	45	47	360	22	61	8	61	300	1	2	1	2	1	1	1
样本 18	91	37	0.068	89	8	305.5	2	2	1	14	79	0.1	1	1	2	1	1	1
样本 19	92	30	0.005	97	20	8	1.2	10	1.5	15	90	0.2	1	2	3	2	1	2
样本 20	24	35	0.035	31	42	359	24	72	10	98	350	2.7	3	4	2	2	2	1

5.4.2.2 确定网络拓扑结构

A 确定 BP 网络层数

当隐含层层数增加时，能够使网络解决复杂及非线性问题的能力增强，但太多的隐含层会延长网络学习时间，不利于得到结果。同时，Kolmogorov 定理指出，对于任何一个闭区间内的连续函数，都可以用单隐层的 BP 网络实现任意的 n 维到 m 维的映射，因此本书选取单隐含层的三层网络进行训练。

B 确定各层神经元数目

神经网络的输入层及输出层神经元数目由求解问题本身确定，因输入向量为 18 个，输出向量有 5 个，故输入层神经元数目为 18，输出层神经元数目为 5。

国际上比较认可的一种确定隐含层神经元个数的公式如下：

$$s = \sqrt{0.43mn + 0.12n^2 + 2.54m + 0.77n + 0.35 + 0.51}$$

式中 m，n——分别表示输入、输出层神经元数目，$m = 18$，$n = 5$。

计算可得：$s = 10.08 \approx 10$，故隐含层神经元个数设定为 10。

C 选取激励函数

依据经验总结，网络隐含层的神经元传递函数可选取 S 型正切函数 tansig；因函数的输出位于区间 [0，1] 中，故输出层神经元传递函数选取 S 型对数函数 logsig。

D 选取网络训练函数

考虑到样本数量有限，而 BP 网络的传统算法有一定局限性，故而选取改进的 BP 网络训练算法。函数 traingdx 含有附加动量项和自适应学习速率，能够避免陷入局部极小值而出错，训练精度也更高，因此选取函数 traingdx 作为训练函数。

5.4.2.3 BP 神经网络模型训练

A 权值和阈值初始值的选取

若初始加权后的每个神经元的输出值接近于零，则能保证每个神经元的权值均可在激励函数变化最大处进行调节，故一般将权值和阈值的初始值取（0，1）间的随机数。

B 学习速率的选取

学习速率选取范围一般为 0.01 ~ 0.07。考虑到网络结构较复杂，神经元个数较多，学习速率可选取为 0.05。

C 输入数据的标准化处理

由于本文采用的激励函数为 sigmoid 类（S 型和双极型），其自变量处于饱和区时，收敛速度慢，而原始数据中各指标值多样化，因此，为计算方便和防止部分神经元达到过饱和状态，可利用 Matlab 对初始数据进行标准化处理，归一化到 [0，1] 之间，过程如下：

设第 k 个指标 x_k 取值区域为 [x_{min}，x_{max}]，其中 x_{min}，x_{max} 分别为第 k 个指标的最小值和最大值。

标准化公式为

$$x = \frac{x_k - x_{min}}{x_{max} - x_{min}}$$

D BP 网络训练

BP 网络训练参数选取如表 5-8 所示。

表 5-8 BP 网络训练参数

网络结构	样本个数	训练次数	训练函数	学习速率	目标误差
18-10-5	20	10000	traingdx	0.05	1×10^{-4}

应用 Matlab 软件中的神经网络工具箱来实现具体计算过程，目标误差设定为 1×10^{-4}，如图 5-11 所示，经过 159 次训练后误差降到目标范围内，回归图如图 5-12 所示，网络收敛结束，训练完成。网络仿真实际输出矩阵及误差如表 5-9 所示，将此时的网络参数保存。

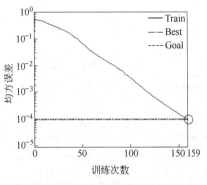

图 5 - 11 确定的网络训练结果

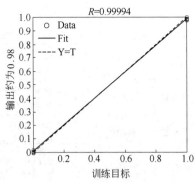

图 5 - 12 回归图

表 5 - 9 20 个样本的实际输出及误差

序号	目标输出 T	网络仿真实际输出矩阵 a	仿真输出误差矩阵 E
样本 1	[1 0 0 0 0]	[0.9881 0.0114 0.0092 0.0087 0.0085]	[0.0119 −0.0114 −0.0092 −0.0087 −0.0085]
样本 2	[1 0 0 0 0]	[0.8993 0.0105 0.0012 0.0039 0.0027]	[0.1007 −0.0105 −0.0012 −0.0039 −0.0027]
样本 3	[1 0 0 0 0]	[0.9653 0.0201 0.0109 0.0058 0.0032]	[0.0347 −0.0201 −0.0109 −0.0058 −0.0032]
样本 4	[0 0 0 0 1]	[0.0018 0.0209 0.0064 0.0028 0.9083]	[−0.0018 −0.0209 −0.0064 −0.0028 0.0917]
样本 5	[1 0 0 0 0]	[0.9248 0.0157 0.0103 0.0054 0.0015]	[0.0752 −0.0157 −0.0103 −0.0054 −0.0015]
样本 6	[1 0 0 0 0]	[0.9381 0.0154 0.0112 0.0027 0.0024]	[0.0619 −0.0154 −0.0112 −0.0027 −0.0024]
样本 7	[1 0 0 0 0]	[0.9818 0.0109 0.0087 0.0024 0.0091]	[0.0182 −0.0109 −0.0087 −0.0024 −0.0091]
样本 8	[0 1 0 0 0]	[0.0024 0.9514 0.0086 0.0018 0.0072]	[−0.0024 0.0486 −0.0086 −0.0018 −0.0072]
样本 9	[1 0 0 0 0]	[0.9751 0.0094 0.0101 0.0107 0.0105]	[0.0249 −0.0094 −0.0101 −0.0107 −0.0105]
样本 10	[0 0 1 0 0]	[0.0018 0.0091 0.9592 0.0083 0.0095]	[−0.0018 −0.0091 0.0408 −0.0083 −0.0095]

序号	目标输出 T	网络仿真实际输出矩阵 a	仿真输出误差矩阵 E
样本 11	[00100]	[0.0082 0.0057 0.9721 0.0049 0.0028]	[- 0.0082 - 0.0057 0.0279 - 0.0049 - 0.0028]
样本 12	[10000]	[0.9817 0.0108 0.0019 0.0107 0.0191]	[0.0183 - 0.0108 - 0.0019 - 0.0107 - 0.0191]
样本 13	[00010]	[0.0092 0.0049 0.0102 0.9315 0.0046]	[- 0.0092 - 0.0049 - 0.0102 0.0685 - 0.0046]
样本 14	[00010]	[0.0113 0.0094 0.0038 0.9921 0.0053]	[- 0.0113 - 0.0094 - 0.0038 0.0079 - 0.0053]
样本 15	[10000]	[0.9150 0.0024 0.0081 0.0024 0.0042]	[0.0850 - 0.0024 - 0.0081 - 0.0024 - 0.0042]
样本 16	[10000]	[0.9891 0.0106 0.0093 0.0089 0.0076]	[0.0109 - 0.0106 - 0.0093 - 0.0089 - 0.0076]
样本 17	[00010]	[0.0105 0.0097 0.0125 0.9681 0.0054]	[- 0.0105 - 0.0097 - 0.0125 0.0319 - 0.0054]
样本 18	[10000]	[0.9219 0.0086 0.0098 0.0084 0.0105]	[0.0781 - 0.0086 - 0.0098 - 0.0084 - 0.0105]
样本 19	[10000]	[0.9843 0.0109 0.0087 0.0094 0.0019]	[0.0157 - 0.0109 - 0.0087 - 0.0094 - 0.0019]
样本 20	[00001]	[0.0081 0.0094 0.0075 0.0097 0.9938]	[- 0.0081 - 0.0094 - 0.0075 - 0.0097 0.0062]

从表 15 - 9 中的数据可以看出,通过选取合适的学习速率,将输入数据进行标准化处理,并确定出一系列网络训练参数,运用 Matlab 软件工具箱,完成的网络模型的学习和测验,测试数据的实际输出误差较小。通过训练结果与期望值比较,网络准确识别了学习样本,建立了灾害因素与失稳预警等级之间的非线性关系,可以对露天矿山进行及时、智能化预警。

5.4.3　实例应用

BP 神经网络边坡稳定性预警模型经过上面的学习训练,已经具备了从影响边坡稳定性的 18 个因素到 5 个预警等级的复杂非线性映射关系。下面利用所建立的模型对马鞍山南山矿凹山采场进行预警。

从南山矿凹山采场西北帮和东南帮数据中分别选出一组进行预警，数据如表 5 – 10 所示。

表 5 – 10 凹山采场矿预警数据

指标	单轴抗压强度 C_{11}	岩性及其组合 C_{12}	内摩擦角 C_{21}	黏聚力 C_{22}	RQD C_{31}	节理面条件 C_{32}	岩体风化程度 C_{33}	地下水条件 C_{34}	边坡坡度 C_{41}
西北帮数据	95	30	0.015	93	25	10.7	1.5	8	1.5
东南帮数据	82	30	0.007	89	31	76.8	6	15	5

指标	边坡高度 C_{42}	地应力 C_{51}	排水设施 C_{52}	爆破质点振动速度 C_{53}	地震烈度 C_{61}	最新日雨量 C_{62}	月累计雨量 C_{63}	地表位移监测 C_{71}	应急预案 C_{72}
西北帮数据	5	65	0.3	1	1	2	1	1	1
东南帮数据	11	154	0.8	3	1	2	1	1	1

程序代码如下：

```
≫ y1 = sim (net1, p1)
y1 =
    1   0
    0   0
    0   1
    0   0
    0   0
≫ yc1 = vec2ind (y1)
yc1 =
    1   3
```

由此可见，马鞍山凹山采场的边坡稳定性等级为 1 级和 3 级，即极稳定和基本稳定，这与矿山的现状相一致，说明该模型具有一定的实用性。

5.5　基于案例推理的排土场灾害中长期预警方法的研究及应用

5.5.1　滑坡案例收集

5.5.1.1　排土场滑坡事故案例

在收集整理大量国内外滑坡事故案例的基础上，总结了露天矿山排土场的滑坡事故案例，如表 5 - 11 所示。

表 5 - 11　排土场滑坡事故案例统计

时　间	地　点	类型	主要原因	危　害
1978. 6. 12	永平铜矿西北部排土场	滑坡泥石流	防洪措施不力；降雨	滑坡泥石流规模达 16×10^4 m³
1985. 3. 1	永平铜矿西北部排土场	滑坡泥石流	堆弃物料力学特性；降雨	滑坡体一部分转变为泥石流，规模达到 20000m³
1978. 8. 26	兰尖铁矿排土场 1510m 排土场东侧	滑坡	人工层理弱面；降雨；地形陡峭	对后来的深部开采产生一定影响
1978. 11. 16	兰尖铁矿排土场 1510m 排土场东南侧	滑坡	人工层理弱面；降雨；地形陡峭	滑体滑入沟底，兰山通风机房被迫移走
1979. 12. 1	尖山第七土场 1510m 排土台阶	滑坡	基底坡度陡；排弃的表土和风化岩石在排土场形成软弱夹层；高台阶排土	国内矿山最大的排土场滑坡，迫使尖山铁矿停产半年；尖山排土场停止使用另选土场
1982. 7. 19 1982. 7. 27 1982. 7. 28	兰山肖家湾排土场	滑坡	人工层理软弱面；降雨；排弃强度过大；滑体上继续集中加载	事前做了滑坡预报，采取了有效措施，实现前面滑坡后面排土的边滑边排的局面
1973. 8. 25	海南铁矿 6 号排土场	滑坡	物料的力学性质；降雨	产生几十万立方米的大滑坡，排土场停产 80 多天
1973. 9. 8	海南铁矿 8 号排土场	滑坡	沿地基接触面滑坡；降雨	电铲、机车和矿车随滑体一齐下滑，排土场停产 20 多天

续表 5 - 11

时　间	地　点	类型	主要原因	危　害
1981.7.4	朱家包包铁矿排土场	滑坡	沿地基软岩滑坡，地基鼓起	电机车车厢倾覆，电铲倾倒，路轨断裂
1979	弓长岭铁矿黄泥岗排土场	滑坡	降雨；汇水渗流到风化岩土内形成软弱层	电铲随着滑体下滑 40m，坡脚处岩石也滑出几十米
1979.3.31	金堆城钼矿排土场	滑坡	降雨；地下水；地基变形	4 人死亡，摧毁位于路堤下方 50m 内的所有建筑物，堵塞河流
1983.5.16~22	齐大山铁矿排土场	先后滑坡 10 次	沟底渗水，地表水饱和后，产生底鼓和滑动	造成上部排土场滑坡
1991.6.13 1991.8.8	歪头山铁矿下盘排土场	滑坡	沿地基接触面滑坡；受地基黏土层和地表植被影响；降雨	造成停工，损坏铁轨和枕木
1991.10.29	安太堡露天煤矿南排土场	滑坡	基底地质条件；气候和地下水；排土工艺	矿区 7 台设备陷入滑坡体中，1000m 公路堵塞，严重威胁工业广场的安全与生产
2008.8.1	尖山铁矿南排土场	滑坡	下部捡矿，掏空坡脚，基底失稳；降雨	93 间房屋被埋，导致 45 人死亡，1 人受伤，直接经济损失 3080.23 万元
2011.2.27	攀枝花米易中和铁矿排土场	滑坡	地基软岩；地下水	2 户人家被埋，6 人死亡
1966~1967 年雨季	兰尖两同硐口	泥石流	降雨；地基坡度过陡	造成无名沟沟底被淤塞、硐口被堵
1972.6	潘洛铁矿大格排土场	泥石流	降雨	冲毁下游拦砂坝，直接威胁铁路桥梁安全
1972.11 1975.6	云浮硫铁矿排土场	泥石流	台风、暴雨	淹没水田、旱地，农田受灾，冲垮铁路、桥梁、公路

时 间	地 点	类型	主要原因	危 害
1973.8.6	海南铁矿排土场	泥石流	发生滑坡后经过雨水或沟流水的冲刷形成	大规模泥石流
1980.6.7	永平铜矿南部排土场	泥石流	堆弃物料岩体特性；降雨	淹没 30 多米公路，堵塞一个月
1972~1974	加拿大 Fording 煤矿 2 号排土场	先后 4 次滑坡	软弱地基底鼓滑坡，排土场边坡角 40°，内摩擦角 33°	
1968	加拿大 Natal 城附近一露天矿排土场	滑坡	雨水；冬季积雪覆盖增加；周边爆破震动	约有 300~400kt 废石滑到山脚，覆盖 243.8m 长的公路
2004.4.30	希腊"南区"褐煤矿排土场	滑坡	地基黏土层受到泉水的侵蚀而形成滑动面，同时泉水也使得覆盖在地基上的排土场底部的水压力升高	滑坡体总量达到 $4 \times 10^7 \mathrm{m}^3$，滑体滑移了 300m。事后，矿山构筑了 20m 高的挡坝，其中 20% 的岩石物料都来自滑坡土中较好质量的废石

5.5.1.2 露天矿山边坡的滑坡事故案例

在收集整理大量国内外滑坡事故案例的基础上，总结了露天矿山边坡的滑坡事故案例，如表 5 – 12 所示。

表 5 – 12　露天矿边坡滑坡事故案例统计

时 间	地 点	类型	主要原因	危 害
1953	抚顺西露天煤矿西部出车沟滑坡	滑坡	地质条件复杂，软岩及断层泥控制，露天开采与地下开采相互影响	破坏 3 个采掘平盘，滑坡体积 40 万立方米
1955	抚顺西露天煤矿老四号滑坡	滑坡	地质条件复杂，软岩及断层泥控制，露天开采与地下开采相互影响	12 段和 16 段采煤工作面及运输铁路被埋，滑坡体积 60 万立方米
1959	抚顺西露天煤矿	滑坡	底板凝灰岩顺层滑坡	矿山停产，损失 2000 余万元

续表 5 – 12

时 间	地 点	类型	主 要 原 因	危 害
1964	抚顺西露天煤矿南机电厂	滑坡	地质条件复杂，软岩及断层泥控制，震动诱发的地质灾害，露天开采与地下开采相互影响	矿山机修厂滑落，滑坡体积 105 万立方米
1973.1.6	大冶铁矿狮子山北帮西口	滑坡	人工层理软弱面；滑体上继续集中加载	滑坡量 36460m³，滑坡后清方处理达两年，清方量为 59 万立方米
1979	抚顺西露天煤矿西端帮 W700	滑坡	地质条件复杂，露天开采与地下开采相互影响	十条干线、四条采掘线均被切断，矿山停产。滑坡体积 129 万立方米
1980.11.18	攀钢石灰石矿采场东端	滑坡	岩体临空失去了支撑，产生了沿层间软弱面滑动	滑坡量为 36.4×10^4 t 的滑坡
1981.6.10	攀钢石灰石矿采场西端	滑坡	硐室爆破时采用秒差雷管起爆，5h 之后滑坡产生，滑坡在软弱夹层顶面滑动	滑坡体总量达 1100 万吨，直接损失达 2000 多万元，间接损失上亿元，影响生产近 1 年
1987	抚顺西露天煤矿北帮 E800	滑坡	地质条件复杂，震动诱发的地质灾害，露天开采与地下开采相互影响	北帮剥离运输陷于停顿状态半年，经济损失约 6000 万元。滑坡体积 52 万立方米
1988.10.13	攀钢石灰石采场西北帮	滑坡	陡崖上巨大岩石突然崩塌，西北部排洪沟处产生裂缝，沿黏土层底面发生滑动	滑坡量达到 3.5×10^6 t 的滑坡
1991.9.20	攀钢石灰石采场西北帮	滑坡泥石流	雨水渗入滑体雨后黏土夹砂石中来不及排出，形成夹载大量砂石的泥石流滑坡	滑坡堆积物面积达 0.35km²，滑坡总量 1.9×10^7 t

时　间	地　点	类型	主要原因	危　害
1993	抚顺西露天煤矿西端帮	泥石流	水与岩石相互作用，软岩及断层泥控制	造成铁路悬空变形，内部排土作业停止。经济损失约5000万元。滑坡体积20万立方米
1997.7	酒泉钢铁公司黑沟铁矿	滑坡泥石流	防洪措施不力；降雨	堵塞酒泉市、嘉峪关市两市唯一的水源北大河，造成直接经济损失4000余万元
2000.12.11	广西龙山金矿	坍塌	炸封严禁开采的金矿矿洞，造成在洞内有大面积采空区	死亡20人，伤3人
2001.9.6	贵州新窑乡个体采石场	滑坡	人工层理弱面；地形陡峭	死亡15人，伤2人
2001.12.28	浙江塘头石灰厂矿山	坍塌	发生坍塌的山体地质构造较复杂，节理较发育，岩体节理面内聚力小	死亡10人，伤2人
1999～2002（4次滑坡）	本钢南芬露天矿	滑坡	边坡岩土介质强度低是造成滑坡的内在原因；而采矿工作面下降，爆破，地表水及地下水等诸多因素为其外部原因	60万～110万立方米的大滑坡，大量的滑坡松散体堆积于边坡面，严重影响了矿山的正常生产
2003.11.12	贵州城关镇砂石场	坍塌	岩石结构非常破碎，层间因有滑动或剥离而黏接性效差	死亡11人，伤5人
2004.10.18	四川宇通矿山	坍塌	大雨后导致山体疏松，左岸山体滑坡后，大量泥土、石块滚滚而下，估计有5000～10000m³	死亡14人，受伤9人
2006.5.30	安徽安泰石灰石矿	滑坡	人工层理软弱面；滑体上继续集中加载	滑坡量4万立方米，造成6人死亡、1人重伤

续表 5 – 12

时　间	地　点	类型	主要原因	危　害
2006.7	凉山矿业拉拉铜矿	滑坡	边坡陡、岩层自身不稳固，加之时值矿区雨季	滑坡区域：纵向 2166～2130m、横向 XⅧ～＋2 线，约 3 万立方米的塌方量
2006.9	凉山矿业拉拉铜矿	滑坡	边坡陡、岩层自身不稳固，加之时值矿区雨季、边坡角过大	滑坡区域：纵向 2178～2130m、横向 XⅧ～＋3 线，约 6 万立方米的塌方量

5.5.1.3 非矿山边坡滑坡事故案例

在收集整理大量国内外滑坡事故案例的基础上，总结了一些非矿山边坡滑坡事故案例，如表 5 – 13 所示。

表 5 –13　其他滑坡事故案例统计

滑坡名称	发生地点	时　间	灾害情况
铁西滑坡	成昆线铁西车站	1980	滑坡体积 200 万立方米，中断交通 40 天，治理费 2300 万元
鸡扒子滑坡	四川省云阳县	1982.7.18	滑坡体积 1300 万立方米，100 万立方米滑入长江，造成急流险滩，治理费 8500 万元
洒勒山滑坡	甘肃省东乡县	1983.3.7	滑坡体积 5000m³，摧毁 4 个村庄，227 人死亡
新滩滑坡	湖北省秭归县	1985.6.12	滑坡体积 3000 万立方米，摧毁新滩镇，侵占长江航道 1/3，因提前预报无伤亡
韩城电厂滑坡	陕西省韩城市	1985.3	滑坡体积 500 万立方米，破坏厂房设施，一、二期治理费 5000 余万元
天水锻压机床厂滑坡	甘肃省天水市	1990.8.21	滑坡体积 60 万立方米，摧毁 6 个车间，7 人死亡，损失 2000 多万元
头寨沟滑坡	云南省昭通县	1992	滑坡体积 400 万立方米，变成碎屑流冲出 4km，摧毁 1 个村庄

滑坡名称	发生地点	时 间	灾害情况
K190 滑坡	宝成线 K190	1992.5	滑坡体积 30 万立方米，中断运输 35 天，砸坏明洞，改线花费 8500 万元
黄茨滑坡	甘肃省永靖县	1995.1.30	滑坡体积 600 万立方米，摧毁 71 户民房，因提前预报无伤亡
岩口滑坡	贵州省印江县	1996.9.18	滑坡体积 260 万立方米，堵断印江，淹没上游一村镇，威胁下游印江县城安全
八渡车站滑坡	南昆线八渡	1997.7	滑坡体积 500 万立方米，威胁车站安全，治理费 9000 万元
沙镇溪滑坡	三峡库区	2003.7.13	发生千将坪滑坡，24 人失踪
省道 207 线边滑坡	福建安溪县虎丘镇	2006.7.27	山体滑坡推倒三层楼房
新桥硫铁矿滑坡	新桥硫铁矿露天矿	2006.1	经济损失 1000 多万元，严重威胁采场安全生产
武隆滑坡	重庆武隆县鸡尾山	2009.6.5	造成了 10 人死亡，64 人失踪
金溪河滑坡	福建省三明市	2009.6.25	山体滑坡、泥石流等次生灾害。因灾死亡 76 人、失踪 79 人，265.91 万人受灾
中阳山体滑坡	山西中阳	2009.11.16	约 20 人被埋
永窝村滑坡	贵州安顺市关岭县	2010.6.28	有 50 余户、150 多人被困或被埋，具体伤亡情况不详

5.5.1.4 中国典型灾害性崩滑地质灾害事件

中国 21 个典型灾害性崩滑地质灾害事件如表 5 – 14 所示。

表 5 – 14 20 世纪以来中国典型灾难性崩滑地质灾害事件

滑坡名称	位置	发生日期	方量 /$10^4 m^3$	斜坡类型	诱发因素	损 失
宁夏海源地震滑坡群	宁夏海源	1920.12.16		黄土斜坡	海源地震	诱发 675 个大滑坡
四川叠溪滑坡地震群	四川茂县	1933.8.25		三叠系浅变质岩	7.5 级叠溪地震	摧毁城镇、村寨，6800 人死亡

续表 5 - 14

滑坡名称	位置	发生日期	方量 /10^4m³	斜坡类型	诱发因素	损 失
青海查纳滑坡	青海共和	1954.2.7	25000	第三系半成岩湖相地层	冻融作用	摧毁查纳村，造成114人死亡
云南禄劝崩塌	云南禄劝	1965.11.22	39000	二叠系峨眉山玄武岩	坡体长期蠕变	将老深多、白占斗等5座村庄掩埋，死亡444人
四川唐骨栋滑坡	四川雅江	1967.6.8	6800	三叠系风化砂板岩	雅砻江侧蚀，坡体长期蠕变	堵塞雅砻江9昼夜，坝高335m，溃坝洪峰57000m³/s
湖北盐池河岩崩	湖北宜昌	1980.6.3	150	近水平层状边坡	地下采矿	摧毁矿山，284人死亡
长江鸡扒子滑坡	重庆云阳	1982.7.18	1500	古滑坡（层状碎裂）	暴雨	毁房大量，长江航道中断7天，经济损失近1亿元
甘肃洒勒山滑坡	甘肃东乡	1983.3.7	3100	黄土盖层，第三系泥岩	蠕变、冻融	死亡237人
长江新滩滑坡	湖北秭归	1985.6.12	3000	古滑坡和崩积体（散体）	降雨	即时搬迁千余人
重庆中阳村滑坡	重庆巫溪	1988.1.10	765	石灰岩	暴雨	死亡33人
四川溪口滑坡	重庆华蓥	1989.7.10	150	强风化碳酸盐岩	暴雨	死亡221人
云南头寨滑坡	云南昭通	1991.9.23	900	强风化玄武岩	长期蠕变	死亡216人
乌江鸡冠岭岩崩	重庆武隆	1994.4.30	424	中-陡反倾边坡	地下采矿、降雨	崩塌体入乌江，形成近10m的水位落差，中断水上运输3个月，直接经济损失近1亿元
云南老金山滑坡	云南元阳	1996.6.1	500	散体斜坡	采矿	逾200人死亡、失踪
贵州岩口滑坡	贵州印江	1996.7.18	1500	斜顺倾石灰岩边坡	坡脚采石	堵江坝高65m，形成长8km堰塞湖，淹没库区，溃坝产生次生洪水灾害

续表 5-14

滑坡名称	位置	发生日期	方量 /$10^4 m^3$	斜坡类型	诱发因素	损失
西藏易贡滑坡	西藏波密	2000.4.9	28000	基岩、散体	融雪	形成堰塞湖,淹没库区,溃坝产生次生洪水灾害
云南兰坪滑坡	云南兰坪	2000.9.3	2000	顺倾边坡	暴雨	搬迁 5000 人
长江三峡千将坪滑坡	三峡库区支流	2003.7.13	2400	砂泥岩顺层滑坡	水库蓄水	14 人死亡,损失 5735 万元
四川天台滑坡	四川宜汉天台乡	2004.9.5	2500	缓倾角顺层砂泥岩斜坡	暴雨	搬迁 1255 人,滑坡坝高 23m,形成长 20km 堰塞湖,2 万人受灾
四川丹巴滑坡	四川丹巴县	2005.2.18	220	堆积层滑坡	长期蠕变及人工扰动	破坏房屋,损失 1066 万元,威胁整个县城安全
四川 "5·12" 汶川大地震滑坡	四川汶川、北川、青州等	2008.5.12		大量基岩滑坡,部分堆积岩滑坡,板岩、片岩、千枚岩、灰岩为主	8.0 级强震触发	产生不同规模崩塌滑坡数万起,具有危害的 6000 余起,形成近百个堰塞湖,导致大量人员伤亡,毁房无数

5.5.1.5 安监局收集的 3 例矿山坍塌事故

A 2001 年江西省乐平市座山采石场 "7·30" 重大坍塌事故

简要经过:2001 年 7 月 29 日傍晚,江西省乐平市塔前镇山下村座山采石场作业面实施爆破作业,爆破作业后,作业面上部岩石未崩落,形成伞檐。7 月 30 日早晨,在该采石场工作的村民们发现作业面上部的悬石仍未垮落,认为不会再垮落下来,开始在悬石下碎石、装车和吃饭。上午 8 时许,作业面上部岩体迅速坍塌,造成现场 37 名村民 28 人被石块压死、8 人受伤。

直接原因：一方面，特殊的岩体结构是导致事故发生的地质内因。座山采石场地层为石炭系上统船山组巨厚层结构致密的石灰岩。地层走向北西310°，倾向北东40°，倾角42°，地层走向与采石作业面近直交。该石灰岩岩层中节理裂隙比较发育，在山体崩落面附近可见明显的延续比较稳定的三组节理面，第一组节理走向北或北偏东10°，倾向西270°~280°，倾向40°；第二组节理走向近东西，倾向北，倾角70°，这两组节理与采石作业面均为斜交；第三组节理走向北东30°，倾向北西300°，倾角80°，该组节理走向基本与采石作业面平行，这种岩体结构易于形成楔形岩体而临空失稳，在自重作用下，导致整体坍塌坠落。另一方面，该采石场违规采用下部爆破掏空，上部崩落的开采方法，使岩层内楔形体临空失稳，是导致事故发生的人为因素。

间接原因：一是塔前镇政府管理不实。塔前镇在采石场的安全生产方面，存在思想偏差和指导失误，思想上迁就群众所谓"靠山吃山"的思想，长期容忍采石场无序生产；在安全与效益的关系上，受利益驱动和地方保护主义的影响，为了效益忽视安全，在工作指导上，重视石灰加工（烧石灰）的工序，忽视前期采矿的工序，管理上没有严格的措施，技术上没有具体指导。二是乐平市政府管理不到位。乐平市政府在思想上顾此失彼，注重了小煤窑，忽视了非煤矿山，工作部署上没有明确非煤矿山归哪个部门、哪位领导分管，没有针对非煤矿山安全生产工作进行部署，没有开展对非煤矿山安全的专项整治工作。三是乐平市公安局违规办证且对民爆物品的销售和使用情况监管不力。乐平市公安局在未见采矿许可证的前提下，就办理了爆炸物品使用许可证。四是乐平市地矿局执法不力。作为矿产资源法执法主体的乐平市地矿局，对无证矿山侵吞破坏国家资源的行为，没有采取有力的措施制止，执法不力。

B 2004年四川省雅安市宝兴县宇通石材有限责任公司"10·18"重大坍塌事故

简要经过：2004年10月18日，宝兴县宇通石材有限责任公司安排28人在锅圈岩小沟（距岩体垮塌处约100m内）的沟心沿沟分段作业，约11点40分左右，北面坡突然发生岩体垮塌，垮塌物沿斜坡向下推移产生大量滚石和岩渣。据专家现场勘测，垮塌岩体呈一楔形，呈近东西走向，长约52m，高约80m，垮塌物在锅圈岩小沟内沿斜坡呈扇形散布堆积，斜长约100～150m，扇形底宽约40m，堆积体最厚约5m，估算堆积物3000～5000m³。事故造成现场28名作业人员中的14人死亡、9人受伤，直接经济损失达200余万元。

直接原因：矿山开采爆破作业违反了《建材矿山安全规程》的规定，未采用自上而下的台阶作业，采用禁止使用的陡壁硐室爆破开采方式，且爆破没有按照《爆破安全规程》的要求进行爆破设计，也无施工作业方案。据调查了解，该公司在北坡垮塌部位曾实施过两次硐室爆破，2003年10月在北坡中上部实施一次硐室爆破（主硐长40m，加辅硐长共60多米），用药量4t左右，爆下矿岩约1000～2000m³；2004年9月29日又在北坡山腰部（坡高80多米，离坡底约40m）东侧违规硐室大爆破（主硐室已穿过矿体，主硐长37.4m），用药量2.4t，爆破矿岩量比预想的大，对岩体原有裂隙扩张产生直接或间接影响，造成岩体垮塌。

间接原因：一是矿山建设的安全设施建设未执行"三同时"规定，未形成台阶，给开采留下隐患；二是技术管理人员水平低，对岩体节理、裂隙的组合特征缺乏认识，且监测手段缺乏；三是矿山安全机构和人员的设置未达到规定要求，矿山技术负责人由矿长兼任，全矿虽有3人持有安全员资格证，却只有1人从事安全工作，且兼任炸材管理员、库房材料管理员、生活资料管理员等多项工作，安全职责不落实；四是在实际已存在潜在威胁的工作面，安排几十人在80多米高的坡底，沿100多米的沟内违章冒险作业；五是矿山违规储存、购买和使用炸药。据查，9月27日，矿山库存胺磺炸药达1640kg，9月29日放炮装药达2.4t，没有按宝兴县国土、公安和安监3部门联合下发的通知规定报有关部门批准，9月27日和10月3日宇通矿山先后在陇东镇炸药仓库购买的1.5t胺磺炸药，手续不全；六是宝兴县公安部门对民爆物品的回收管理不严，陇东派出所在手续不全的情况下，将四川宝兴山亿矿业有限公司退回陇东镇库房的炸药处理给宇通石材有限责任公司；七是雅安市有关部门和宝兴县政府及相关部门对雅安金鸡关垃圾场发生的"9·30"垮塌事故未引起足够的重视，对非煤矿山安全生产工作重视不够，隐患排查不彻底，督促整改不力，特别是对违规的开采方式失察。市、县有关领导和有关职能部门虽在矿山安全检查中有的已发现了问题，并研究制定了整改措施，但监督和落实整改不力，对县、乡两级安全监察人员的选配不合理，安全监管装备投入不到位。

C 2008年山西省娄烦尖山铁矿"8·1"特别重大排土场垮塌事故

简要经过：2008年8月1日0时15分左右，山西省太原钢铁（集团）有限公司矿业分公司尖山铁矿南排土场排筑作业区推土机司机发现1632平台照明车外约10m处出现大面积下沉，下沉宽约20m，落差约400mm，随后排土场产生垮塌、滑坡。排土场滑体的压力缓慢推挤着黄土山梁土体向下移动，从而推垮并掩埋了仅距黄土山梁50m的寺沟（旧）村部分房屋，部分村民来不及逃离而被埋，共造成45人死亡、1人受伤，直接经济损失3080.23万元。

直接原因：1632平台排筑为剥离的黄土和碎石混合散体（约80%为黄土），强度低，边坡高度和台阶坡面角较大，且南排土场为黄土软弱地基。边坡处于失稳状态下，仍在排土作业；加之不利的地形条件、排土场地基承载力低、降水渗入边坡底层、扒渣捡矿等因素进一步降低了排土场边坡稳定性，最终导致发生大面积垮塌。

间接原因：一是尖山铁矿及其上级公司安全生产主体责任不落实，安全管理不力。初步设计未按规定及时编制《安全专篇》，且未经安全监管部门批准即违规开工建设；补做《安全专篇》后，未按有关要求进行管理；未针对地基不良情况，补做工程地质工作；未就《地质环境影响评价报告》和《安全评价报告》中有关防范排土场地质灾害的建议提出整改措施；未制定和完善排土场的相关安全管理规章制度；未设置专门的安全生产管理机构，管理人员未按规定持安全资格证上岗，隐患排查治理台账、排筑作业区检查记录和运行日志中，基本没有量化指标；对南排土场1632平台出现不正常开裂、下沉、滑坡的情况，未引起重视，未认真分析原因、判断其危害程度，未采取有效治理措施进行治理清除，仍然冒险排筑作业；太钢集团、矿业分公司尤其是尖山铁矿在矿山安全生产方面责任制不落实，监督不严，管理不力。二是当地政府及有关部门对矿区违规扒渣捡矿活动清理不彻底，督促村民搬迁不力。娄烦县政府违规签订《利用废石协议》，致使矿区出现乱建干选厂、争夺排土场废石资源，并引发群体性打架斗殴等治安问题。虽在 2005 年 11 月，太原市政府就尖山矿区周边社会治安及打击私采乱挖问题召开专题会议，关停了矿区周边干选厂，但对违规扒渣捡矿活动整治、清理不彻底。太钢集团二期一次征地涉及事故发生地寺沟（旧）村，但娄烦县政府与太钢集团签订的《征地协议》和《出让合同》中都未涉及征地范围内寺沟（旧）村的搬迁问题，致使事故发生前寺沟（旧）村未搬迁。流动人口管理不力，致使从事违规扒渣捡矿活动的外来人员长期居住在寺沟（旧）村。事故发生时，寺沟（旧）村有 18 个院（房屋、窑洞 93 间），共住有 101 人。三是山西省安全监管局履行安全生产监管职责不力。作为尖山铁矿的安全生产监管主体，山西省安全监管局对企业未设立专门的安全生产管理机构、管理人员无安全资格证书上岗等问题失察；对改扩建工程违反"三同时"规定，未经竣工验收、未领取安全生产许可证即投入生产等问题失察；对尖山铁矿安全生产许可证到期后，未审查企业安全生产条件即违规予以顺延；在 2008 年 5 ~ 7 月牵头开展安全生产百日督察专项行动期间，未发现和督促尖山铁矿认真排查治理南排土场 1632 平台不正常开裂、下沉、滑坡等安全隐患。

5.5.2 实例应用

5.5.2.1 工程概况

高村排土场是高村采场重要的排土场地，排土场西南方向为高村采场，排土场南帮（老脉岘水库下游）存在村庄。若产生大规模泥石流和滑坡等地质灾害，势必危及下游采场及村庄安全，影响矿山的正常生产。高村排土场如图 5 - 13 和图 5 - 14 所示。

A 堆排物料性质

排土场排弃的散体物料沿坡面自上而下有明显的规律性，即岩石块度由小到大变化，呈自然分级状况。下部岩块较大、孔隙率高，水容易排出，因此也有利于排土场的稳定性。如果采取不合理的堆

图 5 - 13　高村排土场概况　　　图 5 - 14　高村排土场排土作业

排方式,如集中排弃物料性质不良的物料,则容易在排土场内部形成软弱带,造成堆排土场内部产生滑坡。

B　地基条件

高村排土场与基底接触面之间的抗剪强度小于排土场物料本身的抗剪强度时,便易产生沿基底接触面的滑坡。高村排土场排放物料性质差。

C　水文条件

矿区属亚热带季风气候,湿润多雨,年降雨天数为 102d,年平均降雨量 1250mm,最大年降雨量 1900mm 以上,月最大降雨量 572.6mm,日最大降雨量 231mm。年平均出现大雨、暴雨和大暴雨 4~5 次。年平均蒸发量 1300mm,以 4~10 月为多。

场区范围内的地貌属剥蚀残丘及低山地带,区内植被茂盛,山坡上多为松树,部分为竹林及灌木丛,地表水系不太发育,仅零星分布一些小水塘,最大的为老脉岘水库。场区范围内的地下水补给来源主要为大气降水的垂直入渗。由于场区内的山坡、山脊及山顶多为基岩裸露,地表水可沿裂隙渗入。而在山脚及山坳地带多被第四系粉质黏土覆盖。因此,该层可视为区内的相对隔水层,而其下伏地层的强风化凝灰岩及中等风化凝灰岩中裂隙较发育者可视为弱含水层。

D　排土工艺

传统的排土场按排土顺序不同,可分为单台阶全段高排土法、压坡脚式多台阶排土法和覆盖式多台阶排土法。单台阶全段高排土最不利于排土场稳定,其优点是排土工艺简单,排土运营费较低。压坡脚式排土工艺多被先高山后凹陷的露天矿采用,排土场地形基本为一顺坡山谷,排土场早期稳定性差。覆盖式排土有利于排土场的稳定,且目前大多数矿山采用的是覆盖式排土,高村排土场采取了这种排土工艺。在合理的排土结构参数下,排土场不易发生滑坡,稳定状态良好。

E　地震烈度及人为因素

矿区所属的地震烈度为 7 度,排土场坡脚存在乱采乱挖现象,排土场的边坡稳定性存在安全隐患。

5.5.2.2　目标案例

本书以马鞍山南山矿业公司高村排土场的实际情况为目标案例,进行案例推理的应用。通过对南山铁矿高村排土场的实地调研,首先对高村排土场的详细情况进行分析,然后,通过与南山矿业公司和马鞍山矿山研究院的专家进行沟通,分别从高村排土场的南侧的具体数据情况考录,对高村排土场滑坡预警指标现状进行打分。之所以选择排土场的南侧是因为这两个边坡的危险性较大,发生滑坡后产生的危险较严重。高村排土场滑坡预警指标的打分情况如表 5 - 15 所示。

表 5 - 15　高村排土场滑坡案例的预警指标打分

指标	内摩擦角	黏聚力	地基坡度	边坡高度	地震烈度	最新日雨量	月累计雨量	下游人数	下游财产	乱采乱挖	排水设施	应急预案	地表裂缝检查
数据	86	78	90	56	85	50	75	70	70	85	60	80	80

表 5 - 15 中的信息,即为目标案例的滑坡特征信息,有了这个信息,就可以应用前面的欧氏距离在案例库中进行检索,这里面的滑坡案例库中排土场边坡实例数据如表 5 - 16 所示。

表 5 - 16 排土场滑坡案例库

指标	d_1	d_2	d_3	d_4	d_5	d_6	d_7	d_8	d_9	d_{10}	d_{11}	d_{12}	d_{13}	边坡状态
1	84	68	81	78	78	43	77	68	68	78	37	77	68	基本稳定
2	79	77	79	46	90	37	66	78	77	82	60	66	78	基本稳定
3	93	81	90	41	86	63	58	42	81	86	65	58	82	基本稳定
4	86	68	89	57	84	55	77	68	68	84	59	77	80	基本稳定
5	91	80	75	47	88	52	77	72	80	88	26	77	82	基本稳定
6	50	82	89	55	86	52	80	71	35	70	32	45	50	不稳定
7	88	71	83	84	80	56	77	53	35	70	35	65	75	稳定
8	65	65	65	43	78	50	72	42	30	70	20	35	60	不稳定
9	73	60	71	52	85	43	60	32	35	70	30	50	60	不稳定
10	61	63	70	47	75	36	61	54	40	70	35	60	65	不稳定
11	93	72	84	83	85	67	76	78	40	70	45	65	65	稳定
12	72	68	67	52	78	32	53	45	45	70	35	50	60	不稳定
13	94	85	84	44	80	72	82	76	50	70	50	60	60	稳定
14	67	77	93	46	90	51	80	58	40	70	50	60	60	不稳定
15	63	74	86	50	81	52	82	55	45	70	45	60	65	不稳定
16	90	92	89	92	95	80	95	91	85	85	85	80	85	极稳定
17	88	93	90	91	92	82	94	90	45	85	85	85	85	极稳定
18	96	93	94	88	92	86	93	89	50	85	85	85	85	极稳定
19	92	91	89	89	85	75	95	92	75	70	70	75	75	极稳定
20	61	63	69	48	75	37	61	53	75	70	65	75	70	不稳定
21	93	85	84	83	85	67	89	90	70	70	65	75	70	极稳定
22	70	67	65	52	75	32	53	45	70	70	65	70	70	不稳定
23	93	85	84	44	80	72	81	75	75	65	70	70	70	稳定
24	66	76	93	46	90	51	80	57	70	75	70	70	70	不稳定
25	91	92	86	70	81	70	82	85	70	75	70	65	80	稳定
26	73	82	89	33	86	21	80	71	70	75	65	65	70	极不稳定
27	77	67	92	32	79	40	38	41	70	75	70	65	34	极不稳定
28	41	36	94	36	75	29	63	39	80	60	50	60	45	极不稳定
29	84	78	77	38	78	33	68	73	80	60	50	50	50	极不稳定
30	45	41	84	39	80	35	40	37	85	60	45	60	65	极不稳定

5.5.2.3　案例的检索

由前面的权重计算可知，排土场灾害中长期预警指标权重为：W（内摩擦角，黏聚力，地基坡度，边坡高度，地震烈度，最新日雨量，月累计雨量，下游人数，下游财产，乱采乱挖，排水设施，应急预案，地表裂缝检查）＝（0.03，0.04，0.06，0.04，0.02，0.20，0.15，0.04，0.04，0.03，0.04，0.06，0.25）。应用欧氏距离计算得到高村排土场南侧边坡与案例库中的欧氏距离和相似度，如表 5 - 17 所示，最匹配案例为案例 4，相似度为 0.956；次相似案例 2，表 5 - 18 为最相似和次相似案例的预警信息和处置方案。

表 5 - 17　高村排土场南侧滑坡案例的相似度计算

源案例	1	2	3	4	5	7	11	13	23	25
欧氏距离	0.092	0.075	0.098	0.035	0.074	0.129	0.131	0.129	0.135	0.128
相似度	0.916	0.947	0.911	0.956	0.931	0.886	0.884	0.886	0.881	0.886

表 5 - 18　相似案例的预警信息和处置方案

相似源案例	相似度	边坡状态	预警等级（信号）	处 置 方 案
4（最相似）	0.956	基本稳定	Ⅲ级预警（黄色）	疏排水，治理排土场坡脚安全隐患，对软硬岩石进行混合排弃
2（次相似）	0.947	基本稳定	Ⅲ级预警（黄色）	清理库区内乱采乱挖现象，对下游居民普及排土场安全知识，监测位移量变化

5.5.2.4　案例的调整和修正

通过对 CBR 调整和修正方法研究，并且参考前人的研究成果，针对所研究的排土场滑坡事故案例的特点，本书在 CBR 案例的调整和修正中主要采用"用户人为调整"的方法，需要指出的是，这里面的用户主要是领域内的专家，也可以包括矿山企业的使用者。借助专家的知识和经验对检索出来的案例进行调整和修正来匹配目标案例，同时，在案例检索的过程中，对被检索到的案例进行排序，与问题案例比较接近的案例的解决方案同样对新问题具有一定的参考意义。CBR 调整的基本过程是：首先，检索出与目标案例最相似的案例和次相似的案例，然后，领域专家对新案例中的各个特征属性进行分析，根据检索出的最相似和次相似案例对应的特征属性进行修改，这种修改一般是领域专家根据自己的专业知识来完成的。

5.5.2.5 案例的学习和存储

对于案例的学习来说，不仅要从相似度来学习，还应从案例的检索和应用情况来学习，这才能体现知识的演变性，对于排土场滑坡的案例推理数据库中的每一个案例，增加两个检索字段，即"案例检索次数"与"案例应用次数"。对于排土场滑坡案例数据库中的一个新案例，这两个字段的初始值均为 0。随着排土场滑坡案例库的使用，当某案例被检索并成功地解决了目标案例的问题时，它的"案例检索次数"与"案例应用次数"两个字段的值都相应加 1；如果某排土场滑坡案例未能成功地解决目标问题，那么将"案例检索次数"字段的值加 1，"案例应用次数"字段的值不变。当一个排土场滑坡案例的"案例检索次数"明显大于"案例应用次数"时，该案例将被认定为冗余予以删除，或依照知识库知识经过调整使其变为正确案例。保证检索案例库中案例的典型性。

根据上述分析，本书邀请领域专家给出了 CBR 案例的学习阈值，分别为 $a = 85\%$，$b = 30\%$。排土场滑坡预警的 CBR 学习原则：当 CBR 成功学习时，源案例与目标案例的相似度大于 85%，则不增加新案例。源案例与目标案例的相似度小于 30%，CBR 学习失败，如果领域专家能够给出新案例的解决方案，则目标案例作为新案例加入到案例库中，反之，不增加目标案例。

5.5.2.6 结论

参考相似案例的预警信息，给出高村排土场滑坡的预警等级为Ⅲ级，预警信号为黄色。高村排土场南侧边坡的下游存在村庄，一旦发生滑坡事故，影响面大，后果严重，针对检索出的相似源案例的应急处置方案，结合高村排土场的实际情况和领域专家意见，给出了高村排土场南侧边坡的处置措施为：疏排水，清理库区内乱采乱挖现象，对下游居民普及排土场安全知识，监测排土场边坡位移量的变化。

　　根据 CBR 案例的学习规则，由于案例库中存在与高村排土场相似度大于 0.85 的案例，因此，新案例不增加到案例库中，至此，应用案例推理方法完成了对高村排土场的滑坡预警工作，确定了排土场的预警等级、信号和相应的处置措施。

6 露天矿山边坡和排土场
灾害预警系统的研究

6.1 边坡灾害预警信息系统的构建

为实现边坡灾害预警信息系统的完善性，依据程序结构化的要求，将系统划分为四个模块："用户信息管理"模块、"露天矿基本信息"模块、"预警指标信息"模块及"边坡灾害预警"模块，各个模块相互独立，分别完成自身功能，详细的系统结构如图 6-1 所示。

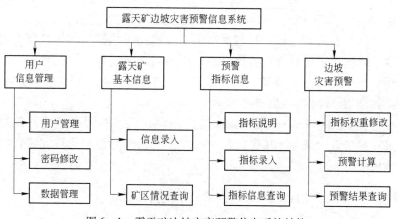

图 6-1　露天矿边坡灾害预警信息系统结构

6.1.1 数据库的构建

露天矿边坡灾害预警信息系统数据库包含所有与边坡灾害预警相关的信息，共五个系统表："用户信息表"、"矿山基本情况登记表"、"预警指标信息表"、"指标权重值表"及"边坡灾害预警结果"。这五个系统表是依据研究指标进行"列"的选取，令其更具有实用性。

（1）用户信息表。包含了用户基本信息——用户名、密码及权限。

（2）矿山基本情况登记表。包含露天矿基本情况——研究区自然地理概况、采场边坡现状、矿区地层与岩性、区域水文地质环境、矿区水文地质条件。

（3）预警指标信息表。包含露天矿边坡灾害预警指标体系相关的二级指标——岩石力学性质，包含单轴湿抗压强度和岩性及其组合2个二级指标；岩体结构面，包含内摩擦角和黏聚力2个二级指标；岩体结构特性，包含RQD、节理面条件、岩体风化程度和地下水条件4个二级指标；地形地貌，包含边坡坡度和边坡高度2个二级指标；工程作用，包含地应力、排水设施和爆破质点振动速度3个二级指标；降雨参数，包含地震烈度、最新日雨量和月累计雨量3个二级指标；安全监控，包含地表位移监测和应急预案2个二级指标。

（4）指标权重值表。包含露天矿边坡灾害预警指标体系所有内容，除包括了"预警指标信息表"中所有二级指标外，还含有一级指标——岩石力学性质、岩体结构面、岩体结构特性、地形地貌、工程作用、降雨参数、安全监控。

（5）边坡灾害预警结果。包含不同矿山、不同采场的预警结果——矿区、采场、预警时间、边坡灾害预警等级、边坡灾害预警结果。

6.1.2 露天矿山边坡灾害预警信息系统窗体设计

评价系统窗体的设计是实现系统软件应用的主体部分，本书依据露天矿边坡实际情况将边坡灾害预警系统窗体分为四大部分：登录界面、"露天矿基本信息"界面、"预警指标信息"界面以及"边坡灾害预警"界面。

6.1.2.1 登录主界面

系统登录界面如图6-2所示，用户输入用户名和密码即可进入系统主界面。这些都必须与数据库连接，才能够实现此部分功能。

在用户登录时，主要从数据库中提取用户名和密码，用以校验用户输入的用户名和密码是否相符。

图 6-2 系统登录界面

用户登录后的主界面如图 6-3 所示。该管理信息系统包括系统设置、露天矿基本信息、预警指标信息、边坡灾害预警 4 个功能模块。系统的各个模块是相对独立的，用户可以单独对相应的模块进行管理和使用。

图 6-3 系统主界面

一般用户登录系统后，如需对个人密码进行修改，单击【密码修改】按钮，出现如图6-4所示的修改用户密码界面。输入新密码和旧密码，单击【确定】，即可完成密码的修改。

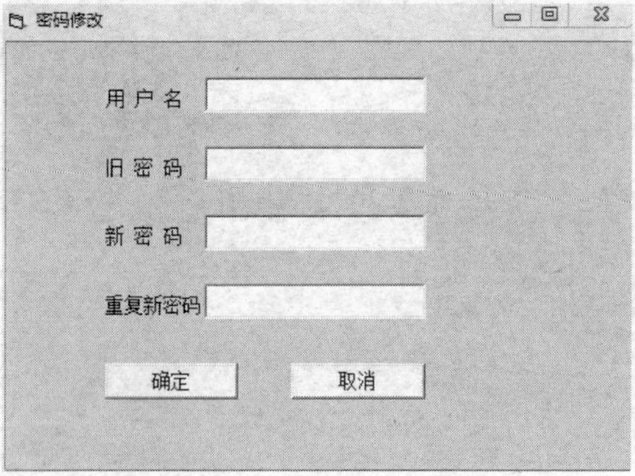

图6-4　"密码修改"界面

　　用户管理界面如图6-5、图6-6所示。用户管理用于系统管理员对各个一般用户的基本信息进行管理，因此该功能只有系统管理员才可以访问，一般用户没有权限访问此功能。

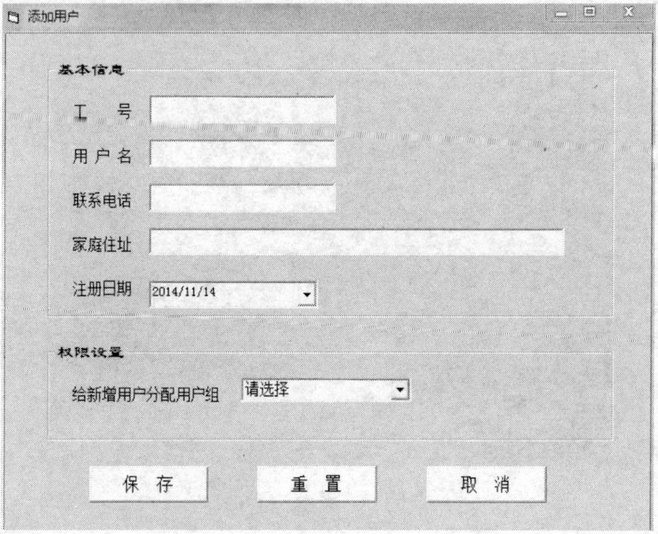

图6-5　"添加用户"界面

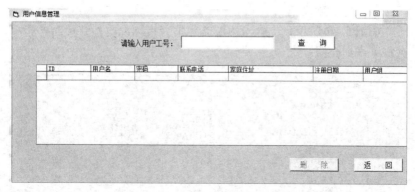

图 6-6 "用户信息管理"界面

单击【用户管理】，进入用户管理界面，系统管理员可分别选择【添加用户】和【用户信息管理】进行相应的用户管理操作。添加用户时，系统管理员填写基本信息，单击【添加用户】按钮可将用户存入数据库中，下面列表中随之会出现相应用户信息。如果需要删除用户，可点击【用户信息管理】列表中相应的用户记录，选中该用户记录，点击【删除】即可删除信息。

6.1.2.2 "露天矿基本信息"界面

本部分窗体包含"矿山基本信息录入"界面及"矿区情况查询"界面。主要是为了实现露天矿边坡基本情况录入、查询的功能，从而对露天矿边坡现状情况有一个总体把握。

（1）"矿山基本信息录入"界面显示矿山基本信息情况，输入各采场相关信息后点击【保存】，系统会提示"信息保存成功"。

（2）当矿山基本信息录入保存后，点击【查询】按钮，弹出"矿区情况查询"界面，选取不同矿区名称，就能够得到相应矿区基本信息情况，同时能够实现【修改】、【删除】及【输出表格】功能。

6.1.2.3 "预警指标信息"界面

指标信息相关界面包含"指标录入"及"指标说明"界面，是为边坡灾害预警作准备，同时也为矿山进行自我预警时提供相关预警指标体系。

A "指标说明"界面

如图6-7所示，包含了边坡灾害预警指标说明，并针对各指标进行了详细介绍。

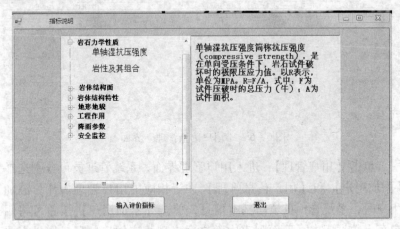

图6-7 "指标说明"界面

B "指标录入"界面

如图6-8所示，涵盖了边坡灾害预警过程中全部二级指标及一级指标内容，全部输入指标后，点击【保存结果】按钮，弹出提示信息"信息添加成功"。

当各指标信息输入完成后，点击【查询】按钮，弹出"指标信息查询"界面，通过选择不同"矿区"、"采场"及"预警时间"查询条件，可快速得到符合条件的预警指标信息，同时能够实现【修改】、【添加】、【删除】及【输出表格】等功能。

6.1.2.4 "边坡灾害预警"界面

此部分窗体界面为边坡灾害预警中最关键的界面，包含"权重计算"界面以及"预警结果查询"界面。能够实现自动计算不同矿山及采场的指标权重，并得到相应的评价等级及评价建议。

"权重计算"界面涵括了整个一级、二级指标的所有权重值。

首先，选择"矿区"、"预警时间"等查询条件，通过后台系统运行，自动显示出一级指标的权重值，如图6-9所示；然后，点击【计算】按钮，显示二级指标"隶属度"，以及"预警等级"及"建

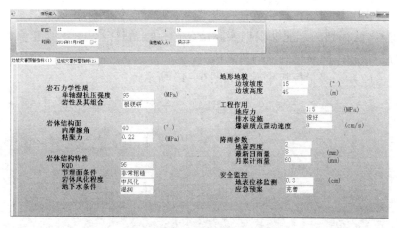

图 6 - 8 "指标录入"界面

议措施",如图 6 - 10 所示；最后，点击【保存】按钮，信息保存成功后，点击【查询】按钮，弹出"预警结果查询"界面，输入查询条件，窗体自动显示符合条件的信息记录，同时可实现【删除】及【输出表格】功能。

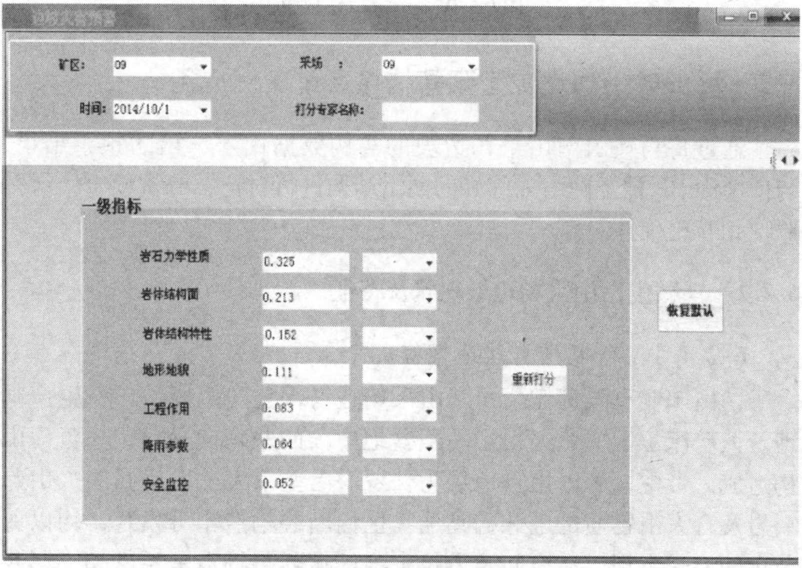

图 6 - 9 一级指标权重

（1）一级指标权重界面（见图6-9）。各级指标的权重值是根据G1法得到的，能够根据实际情况进行重新打分，点击【重新打分】按钮，能够得到新的权重值。

（2）二级指标权重界面如图6-10所示。

图6-10 二级指标权重

6.2 露天矿山边坡灾害预警信息系统实例应用

通过将马鞍山南山采场边坡的实例数据代入求出的预警结果，与前文中BP神经网络训练好的网络结构进行对比，分析预警结果并验证相互正确性。

6.2.1 马鞍山南山采场边坡现状及特征

6.2.1.1 研究区自然地理概况

南山矿业有限责任公司凹山采场是马钢公司主要铁矿石生产基地。铁矿床位于宁芜火山岩断陷盆地中段的北东向其林山—黄梅山构造成矿带中，区内出露地层为侏罗—白垩系大王山旋回的火山碎屑岩及含火山物质的陆相碎屑岩。区内断裂构造十分发育，均以剪节理的形式出现，在空间及方位上与区域断裂构造关系密切。北西向及北东向两组剪切节理形成了密集的X型裂隙带，常使岩层及矿体形成破裂状、散体状结构。

凹山矿区具有低山丘陵和丘陵间冲积川地相结合的地貌特征，年均降雨量为 1094.1mm，平均风速 2.9m/s。南山矿标高是海平面以上 44m，海平面以下 210m，每日排水量 2 万 ~ 3 万立方米，回水站建在 -60m 处。矿区规划到 2035 年，采矿量达到 2200 万吨。

6.2.1.2 南山采场边坡现状

凹山采场上部 +115 ~ +45m 各台阶高度为 14m，共 5 个台阶；下部 +45 ~ -165m 各台阶高度为 15m，共 15 个台阶；-165 ~ 201m 各台阶高度为 12m，共 3 个台阶。采场东、南、西三帮为运输通道，已固定台阶宽度不小于 7m，正在生产台阶宽度不小于 20m，台阶边坡角 60°，整体边坡角 35° ~ 43°；北帮由于岩体蚀变强烈，岩石松散松软，台阶边坡角放缓到 45° ~ 50°，整体边坡角 38° ~ 42°。通过现有的文献资料，收集整理到的马鞍山南山矿的边坡数据情况如表 6 - 1 所示。资料上把南山矿西北帮分为 Ⅰ、Ⅱ 两个区域，Ⅰ区总体边坡角 24°，-30m 以上为 32，Ⅱ区总体边坡角 23°，-30m 以上为 44°。

表 6 -1 南山矿边坡数据

总体边坡角/(°)		24	
年平均降雨量/mm		1094.1	
年最大降雨量/mm		1522.2	
一月最大降雨量/mm		538.5	
日最大降雨量/mm		254.6	
最大积雪深度/cm		16	
最大冻土深度/cm		9	
凝聚力/kPa	规则岩块	安山岩	3130
		凝灰岩	1570
		闪长玢岩	5420
		磁铁矿	7130
	不规则岩块	安山岩	118
		凝灰岩	83
		黄铁矿	126
		断层	74

		安山岩	43.9
摩擦角/(°)	规则岩块	凝灰岩	39.3
		闪长玢岩	44.4
		磁铁矿	46.2
	不规则岩块	安山岩	33.4
		凝灰岩	28.9
		黄铁矿	34.2
		断层	31.1
单轴抗压强度/MPa		安山岩	43.9
		凝灰岩	18.2
		闪长玢岩	56.8
		磁铁矿	98.5
容重/g·cm^{-3}		凝灰岩	1.88
		安山岩	2.13
		闪长玢岩	2.00
		黄铁矿体	3.01
		人工堆积	1.91
地震烈度		6 度	
安全系数		经计算确定南山矿西北边坡许用安全系数为 1.15	

　　凹山采场在近十年中，先后对其西北帮边坡和东帮边坡的稳定性进行了研究并实施了相应的治理措施，主要包括疏排水、削坡减载、混凝土锚喷支护、挡土墙、框架梁加预应力锚杆支护技术等。

6.2.1.3　矿区地层、岩性

　　凹山采场出露的地层复杂多样，分述如下：

　　(1) 人工堆积碎石土。人工堆积碎石土主要由凹山采场采矿废石堆积而成，其成分混杂，主要成分有闪长玢岩、安山岩及凝灰岩等。碎石大小不等，小者几厘米，大者 1m 以上。主要分布于西北帮北侧和西侧 +45m 台阶以上局部地段。厚约 40m。

　　(2) 第四系晚更新统残积—坡洪积黏土层。岩性为褐黄色黏土、黏土夹碎石，仅局部台阶有零星出露，主要分布于采场境界外侧。

厚 0~10m。

（3）凝灰岩。紫红色、褐黄色，岩屑、晶屑结构，变余构造，一般为剧风化—强风化，呈松散土状，主要分布于西北帮 +30m 以上台阶。

（4）安山岩。灰白、灰黄、清灰色，呈斑状—变余结构，块状构造，其主要分布 -5~ +30m 台阶，岩性高岭土化较强，局部地段有黄铁矿化。

（5）磁铁矿。坚硬、半坚硬矿石组成，矿石主要受阳起石化、绿泥石化控制，阳起石化磁铁矿坚硬。绿泥石化磁铁矿为软弱岩石。

6.2.1.4 区域水文地质环境

凹山铁矿位于宁芜断陷火山岩盆地中段偏东，区域地貌多剥蚀丘陵。区内地表水系有长江，还有姑溪河、青山河、采石河、慈湖河等河流。长江距矿山采场较远，对采场水文地质条件无影响。仅采石河和慈湖距矿山较近，但因底部沉积了较厚的黏土质沉积层而与采场地下水联系较弱。其他河沟对采场水文地质条件无影响。

区域内地下水为统一的基岩裂隙潜水。地下水主要来自降水的垂直入渗补给，天然条件下由东向西或北西方向排泄至长江，凹山采场进入深凹露天后，与向硫矿、东山矿采场一起拼成局部地下水的排泄点。

区内地下水化学类型，60% 是 SO_4^{2-} – Ca^{2+} · Mg^{2+} 型，40% 为 HCO_3^- · SO_4^{2-} – Mg^{2+} 型。硫酸型水由于 SO_4^{2-} 离子含量较高，对混凝土具腐蚀性。

6.2.1.5 矿区水文地质条件

由于采矿生产改变了区域地下水在矿区附近的运动状态，采场成为区域地下水的局部排泄点，在空间上形成了长轴方向为北北东向的地下水降落漏斗。裂隙潜水含水层由火山岩和次火山岩组成，主要岩性是闪长玢岩、安山岩、磁铁矿等。

基岩裂隙潜水含水层中地下水与区域地下水为统一水体，在矿区附近地下水面呈漏斗状分布，漏斗空间形态受 F1 断层控制，F1 断层对采场地下水富集和运移起着控制作用。

裂隙潜水与降雨条件息息相关，随之变动的关系受大气降水控制。裂隙潜水的赋存特征在平面上受构造断裂的控制，剖面上受裂隙发育程度的影响具有上强下弱的特点。场区内裂隙潜水含水层的渗透性和富水性在平面上分为两个区，在剖面上分上下两段。

强富水区，平面上分布于矿体的北侧和东侧，剖面上绕矿体内外倾，与 F1 和 F2 断层所在部位相吻合，裂隙发育，多为张开型。 -22m 以上为相对富水段，平均渗透系数为 6.637m/d，往下富水性变弱，平均渗透系数为 2.071m/d。

弱富水区，平面上分布于矿体南部，其特征是裂隙以闭合型为主，-50m 以上平均渗透系数为 2.468m/d，往下平均渗透系数为 0.13m/d。

综上可以看出，裂隙潜水的分布有着强烈的非均质性，富水性和渗透性也差异悬殊。

人工堆积物孔隙潜水含水层是由采矿生产排弃的废石组成，主要分布在采场东帮外侧排土场内，南帮及北帮外侧也有分布。

6.2.2 马鞍山南山采场边坡灾害预警信息系统应用

首先运行边坡灾害预警信息系统软件，登录系统后，具体操作步骤如下：

（1）选择"露天矿基本信息"目录下的"信息录入"菜单，分别录入马鞍山南山采场西北帮和东南帮基本信息数据，并【保存】，如图 6-11 及图 6-12 所示，然后点击【查询】按钮，可显示出之前录入的马鞍山南山采场西北帮和东南帮基本信息情况，如图 6 13 及图 6-14 所示。

（2）选择"边坡灾害预警"目录下的"预警计算"子菜单，通过选择"矿区"、"采场"及"时间"，从数据库中读取出之前存储各个边坡灾害预警指标的权重值；然后，点击【计算】按钮，可得各边坡灾害预警指标的隶属度，如图 6-15 ～图 6-18 所示。

计算所得马鞍山南山采场边坡灾害综合预警结果如图 6-19 和图 6-20 所示，并点击【保存】按钮；最后，点击【查询】按钮，可显示出之前保存的马鞍山南山采场边坡灾害综合预警结果，如图 6-21 和图 6-22 所示。

图 6-11 马鞍山南山采场西北帮基本信息录入表

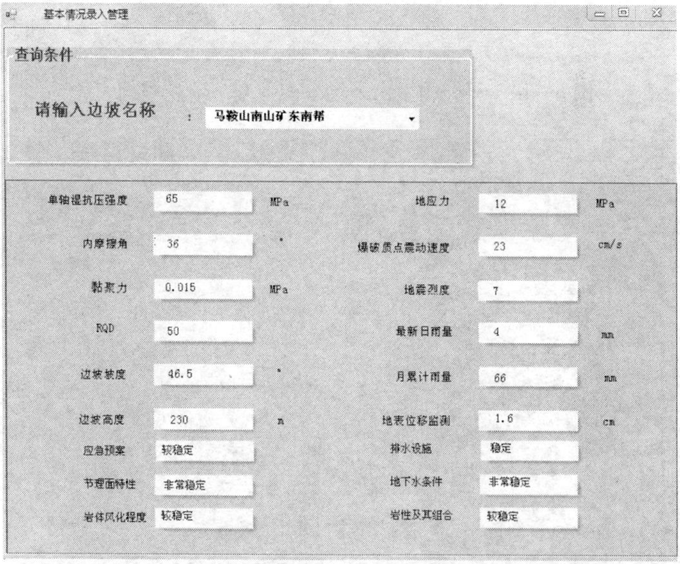

图 6-12 马鞍山南山采场东南帮基本信息录入表

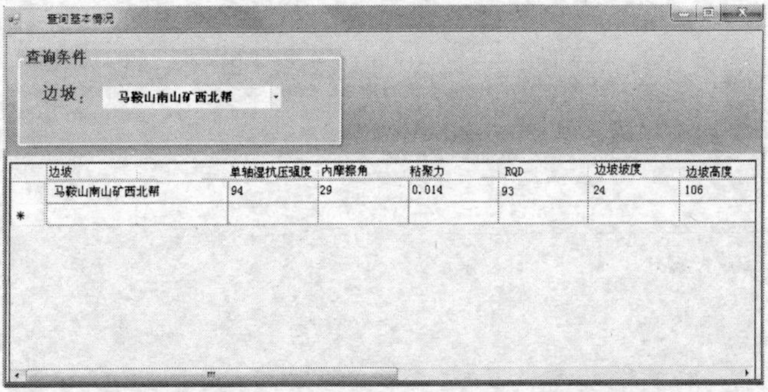

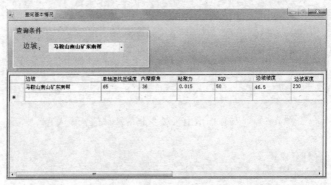

图 6-13　马鞍山南山采场西北帮基本信息查询表

图 6-14　马鞍山南山采场东南帮基本信息查询表

图 6-15　马鞍山南山采场西北帮指标一级隶属度值

	I	II	III	IV	V
岩石力学性质	0.09	0.75	0.11	0.04	0.01
岩体结构面	0.05	0.81	0.11	0.02	0.01
岩体结构特性	0.06	0.68	0.21	0.05	0.00
地形地貌	0.03	0.05	0.92	0.00	0.00
工程作用	0.09	0.11	0.75	0.04	0.01
降雨参数	0.05	0.05	0.89	0.01	0.00
安全监控	0.02	0.02	0.95	0.01	0.00

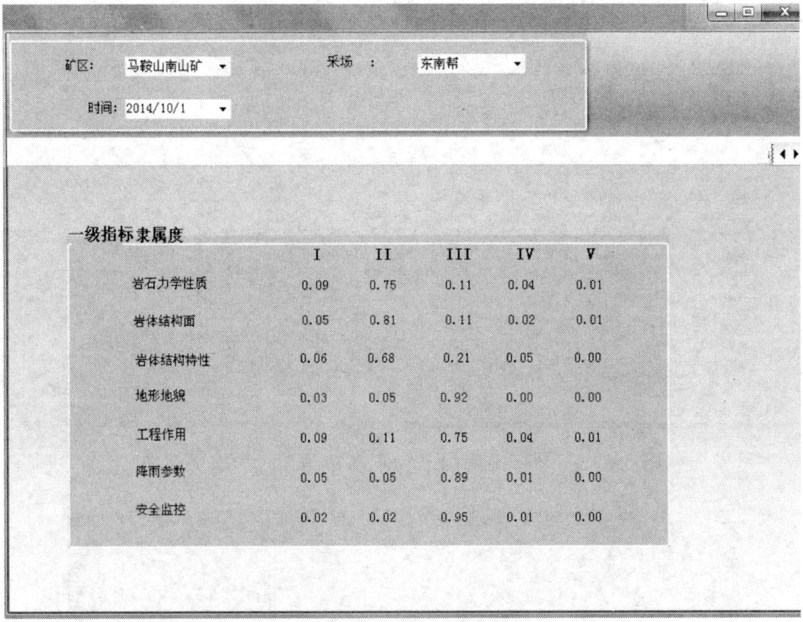

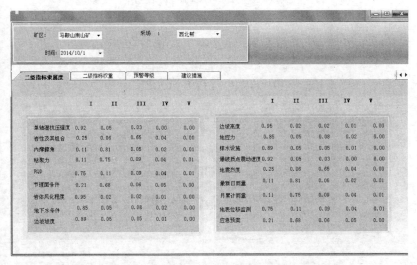

图 6-16 马鞍山南山采场东南帮指标一级隶属度值

	I	II	III	IV	V
单轴湿抗压强度	0.92	0.05	0.03	0.00	0.00
岩性及其组合	0.25	0.06	0.65	0.04	0.00
内摩擦角	0.11	0.81	0.05	0.02	0.01
粘聚力	0.11	0.75	0.09	0.04	0.01
RQD	0.75	0.11	0.09	0.04	0.01
节理面条件	0.21	0.68	0.06	0.05	0.00
岩体风化程度	0.95	0.02	0.02	0.01	0.00
地下水条件	0.85	0.05	0.08	0.02	0.00
边坡坡度	0.89	0.05	0.05	0.01	0.00

	I	II	III	IV	V
边坡高度	0.95	0.02	0.02	0.01	0.00
地应力	0.85	0.05	0.08	0.02	0.00
排水设施	0.89	0.05	0.05	0.01	0.00
爆破质点震动速度	0.92	0.05	0.03	0.00	0.00
地震烈度	0.25	0.06	0.65	0.04	0.00
最新日雨量	0.11	0.81	0.06	0.02	0.01
月累计雨量	0.11	0.75	0.09	0.04	0.01
地表位移监测	0.75	0.11	0.09	0.04	0.01
应急预案	0.21	0.68	0.06	0.05	0.00

图 6-17 马鞍山南山采场西北帮指标二级隶属度值

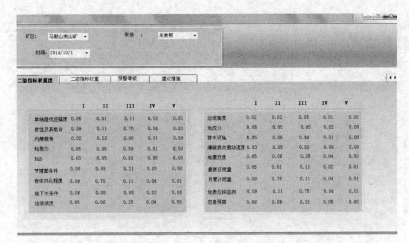

图 6-18 马鞍山南山采场东南帮指标二级隶属度值

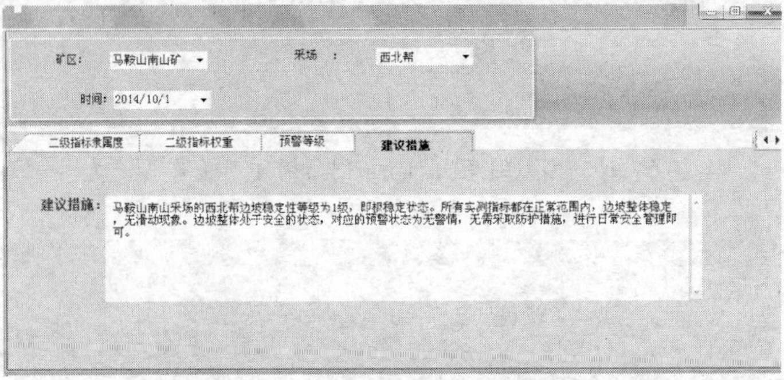

图 6-19 马鞍山南山采场西北帮预警结果

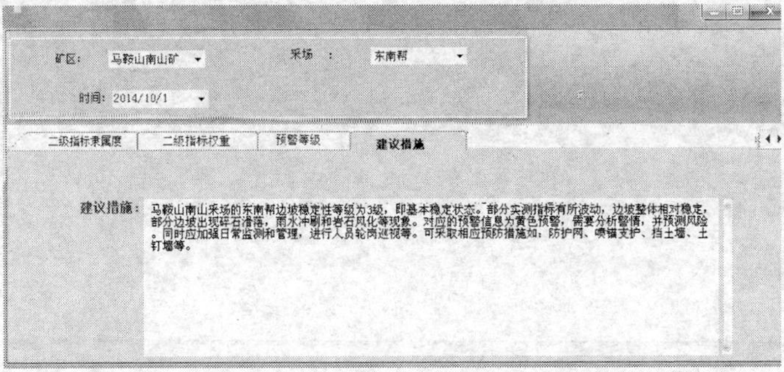

图 6-20 马鞍山南山采场东南帮预警结果

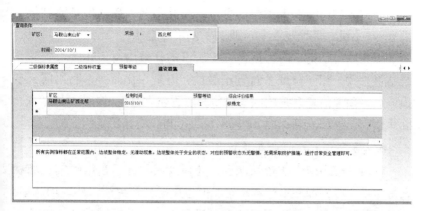

图 6 - 21　马鞍山南山采场西北帮预警结果查询

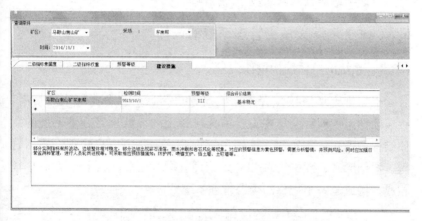

图 6 - 22　马鞍山南山采场东南帮预警结果查询

（3）由此可得马鞍山南山采场的边坡稳定性等级为 1 级和 3 级，即极稳定和基本稳定状态。

6.2.3　马鞍山南山矿 BP 网络预警及信息系统预警结果对比

6.2.3.1　对比 BP 网络与信息系统预警软件结果

由前文可知，应用 BP 网络模型得出马鞍山南山采场西北帮结果为 [1 0 0 0 0]，即为"Ⅰ级：极稳定"。东南帮结果为 [0 0 1 0 0]，即为"Ⅲ级：基本稳定"。

而露天矿边坡灾害预警信息系统马鞍山南山矿边坡预警结果分别为："Ⅰ级：极稳定"和"Ⅲ级：基本稳定"。

因此可得结论：两种预警方法所得的马鞍山南山矿边坡灾害预警结果一致，相互验证了对方正确性，但是相比而言，利用露天矿边坡灾害预警信息系统软件所得预警过程包含具体的指标隶属度值，因此更为详细和准确；而 BP 网络模型所得仅有预警等级。

6.2.3.2 主要问题及建议

针对马鞍山南山矿边坡状况，建议及措施为：东南帮的边坡状态虽然是 3 级，即基本稳定状态，但也应对其多关注，从现场观察，东南帮某些地区已经出现了松散的现象，这种地区现象如果继续恶化，应该考虑对其采取相应治理措施。

6.3 排土场滑坡预警管理系统的设计

6.3.1 系统的总体结构设计

根据排土场滑坡预警方法的研究思路，结合企业的实际情况，按照软件系统工程的思想设计露天矿排土场滑坡预警管理系统的总体结构如图 6-23 所示，该预警管理系统主要由用户管理、数据管理、案例管理、预警管理和应急管理五个方面组成，五个方面相辅相成，构成了一个完整的预警管理系统。

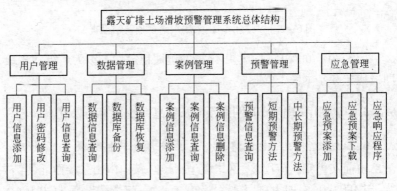

图 6-23 露天矿排土场滑坡预警管理系统总体结构

用户管理模块是系统的基础模块，实现系统的日常维护。包括用户信息添加、用户密码修改和用户信息查询三个子模块；只有添加的用户才可以对系统进行操作，一般添加的用户均为矿山企业的安全生产管理者。

数据管理模块是系统的保障模块，保障系统的数据安全。包括数据信息查询、数据库备份和数据库恢复三个子模块；数据信息查询可以方便管理者掌握数据的动态信息，数据库备份和恢复功能可以实现系统数据库的常规备份，保障了系统数据的安全性。

案例管理模块是中长期预警的数据基础，同时为系统的中长期预警提供相似案例和处置措施。包括案例信息添加、案例信息查询和案例信息删除三个子模块；案例库的信息需要不断更新和完善才能保证基于案例推理方法进行排土场滑坡预警的可行性和正确性。

预警管理模块是预警系统的核心模块，实现系统的预警功能。包括预警信息查询、短期预警方法和中长期预警方法三个子模块；预警信息查询包括了预警指标体系的查询、预警指标权重的查询、预警等级和预警准则的查询，这些预警信息是预警方法计算的基础；短期预警方法是应用第 5 章建立的排土场滑坡的可拓预警模型，进行预警等级的计算；中长期预警方法是应用第 5 章研究的案例推理方法进行预警等级的确定。

应急管理是预警系统的补充模块，体现了预警管理系统的完整性。包括添加应急预案、下载应急预案和应急响应程序三个子模块；根据预警的情况，参考相应的应急预案，为企业的应急管理提供依据，应急响应程序为管理者提供接到事故警报后的应急救援流程。

6.3.2 系统开发模式的选择

现今软件的体系模式基本分为两大类：B/S 模式和 C/S 模式。B/S 是 Browser/Server 的简写，即浏览器/服务器模式；C/S 是 Client/Server 的简写，即客户机/服务器模式。本书对这两种软件开发模式的具体含义及优缺点做了一个比较，如表 6-2 所示。

表 6 - 2　B/S 和 C/S 开发模式对比

开发模式	基本描述	优　点	缺　点
B/S （Browser/Server， 即浏览器/ 服务器模式）	以 Web 技术为应用基础的一种网络结构模式，将系统功能实现的核心部分集中到服务器上，简化了系统的开发、维护和使用。浏览器通过 Web Server 同数据库进行数据交互	信息共享程度高；兼容性较好；只需对服务器进行软件升级，网页中嵌入的插件改变，用户端可以同步更新，数据录入、浏览只需在联网的计算机上进行，升级维护工作简单	数据处理能力较弱，难以对大量用户数据进行处理。采用单点对多点、多点对多点的开放式结构，并采用 TCP/IP 这一类运用于互联网的开放性协议，其安全性较差
C/S （Client/Server， 即客户机/ 服务器模式）	在计算机网络和分布式计算基础上的一种局域网络结构模式。Client 和 Server 常分别处在相距很远的两台计算机上，Client 程序将用户的要求提交给 Server 程序，再将 Server 程序返回的结果以特定的形式显示给用户	发展较早，数据处理速度较快，是现今非常流行的信息管理模式。它具有较强的数据处理能力，能实现复杂的业务流程。配对的点对点模式，采用适用于局域网、安全性较好的网络协议，安全性较好	基于不同平台开发的，兼容性差。C/S 模式升级时，必须对所有客户端计算机进行软件安装，工作量大，数据的录入、浏览必须在安装了应用软件的计算机上进行，升级和维护工作都很烦琐

　　综合考虑 C/S 和 B/S 两种开发模式的优缺点，针对本书开发的排土场滑坡预警管理系统的客观实际需求，C/S 模式在信息管理系统开发方面还是具有明显优势的，因此，本书选用 C/S（Client/Server，客户机/服务器）模式进行排土场滑坡预警管理系统开发。

6.3.3　系统开发工具及数据库选取

6.3.3.1　开发工具的选取

　　目前，软件开发中比较流行的可视化的面向对象的开发工具有很多，如 Microsoft 公司的 Visual C + + 和 Visual Basic、Borland 公司的 Delphi、Sun 公司的 Java，以及 Sysbase 公司的 PowerBuilder 等。通常，用任何一种开发工具都可以实现系统要求的具体功能，只是在实现的途径、周期方面有所不同。

　　Visual Basic 6.0 是美国微软公司在 1998 年推出的一种程序设计语言，它是在 Basic 语言的基础上，引入可视化（Visual）图形用户界面（graphical user interface，简称 GUI）。在全世界编程语言排行榜中，Visual Basic 6.0（VB6.0）语言近几年的排名处于前十位，可见，VB 语言拥有广泛的程序员群体。

Visual Basic 6.0 程序设计语言具有以下优点：

（1）VB6.0 的语法和 Basic 语言相似，初学者很快可以掌握并应用。

（2）提供了可视化的 Windows 界面设计功能，开发者可直接从工具箱中把可视的组件拖到窗体上，构建出程序运行时的 GUI 界面，降低了界面设计的难度，使得开发者能够把更多的精力投入到软件的逻辑控制中。

（3）VB6.0 提供大量的控件，利用这些控件可以进行快速开发；VB6.0 的集成开发环境（IDE）提供了智能快速感知功能，程序员不需要记住各种各样的属性和方法，大大提高了程序录入的速度，同时提高了开发效率。

（4）VB6.0 具有强大的数据库处理功能，提供高效和简单的数据库访问方式，能够对多种数据库进行处理，只要数据库管理系统提供了 ADO 访问接口，就能用 VB6.0 进行访问处理。

因此本书选用 Visual Basic 6.0 作为露天矿排土场滑坡预警管理系统的软件开发语言。

6.3.3.2 数据库选取

目前流行的数据库工具也比较多，如 Oracle 公司的 Oracle，IBM 公司的 DB2，Microsoft 公司的 MS – SQL、FoxPro 和 Access，以及 Borland 公司的 Paradox，等等。Oracle、DB2、Sysbase 以及 MS – SQL 等属于大型的数据库，其中 Oracle 是未来的发展趋势，其他的数据库如 Paradox、Access 等都属于中小型数据库。就露天矿排土场滑坡预警管理系统的需求而言，其数据量和规模还没有达到大型数据库的要求。如果直接就使用 Oracle 等大型数据库作为数据库系统，则在使用时会造成很大的资源浪费。

Microsoft Office Access 是由微软公司出品的关联式数据库开发工具，其主要功能是满足了使用者对诸多信息检索查询、数据存储和很好的图形界面。它是微软中的又一颗明星，最早于 1992 年发布第一版，后于 2012 年推出了最新版本 2013 版，功能更加强大，使用更加灵活便捷。Access 广泛应用于机关事业单位、各类院校、企业等。Access 的优点在于它有丰富的开发界面及使用环境，同时又有效地摒弃了一些传统程序软件的烦琐，易学易用，而且还有效地规避了不同语言环境所带来的转换问题。它提高了整个程序的速度，且大大减少了代码量，有效地防止了过度的调用等。Access 有着强大的报表创建功能，使其可以任意处理它能够访问的数据源。

综上所述，Access 是一款优秀的关联数据库产品，因此，本书在系统开发时，选择了微软公司的 Access 作为系统的后台数据库。

6.4 排土场滑坡预警管理系统的功能实现

6.4.1 系统主界面

使用本系统的用户，需要进行登录验证，即登录系统主界面前，首先出现登录界面，如图 6 - 24 所示。用户输入用户名及密码，例如用户名为 admin，密码为 000000，点击【确定】后进入系统主界面，如图 6 - 25 所示。这部分功能实现时，需要与数据库相连接，从数据库的用户表中提取用户名和密码，用以校验用户输入的用户名和密码是否相符，防止恶意登录，从而保证系统的使用安全。

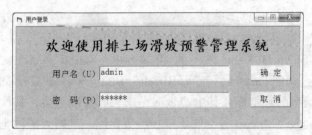

图 6 - 24　系统登录界面

该预警管理系统的主界面显示用户管理、数据管理、案例管理、预警管理、应急管理和退出系统 6 个菜单功能，系统使用完毕后，通过点击【退出系统】实现系统的安全退出。其他 5 个菜单功能是相对独立的，用户可以单独对相应的功能模块进行管理和使用，点击各个菜单，下面会分别显示出 3 个不同的子菜单，即包含的子模块。

图 6 – 25　系统主界面

6.4.2　用户管理模块

用户管理模块包括用户信息添加、用户修改密码和用户信息查询三个子模块。添加用户的基本信息包括用户的工号、姓名、联系电话、家庭住址和注册日期，以便可以及时联系相关人员，权限设置包括专家和普通用户。用户信息添加界面如图 6 – 26 所示。

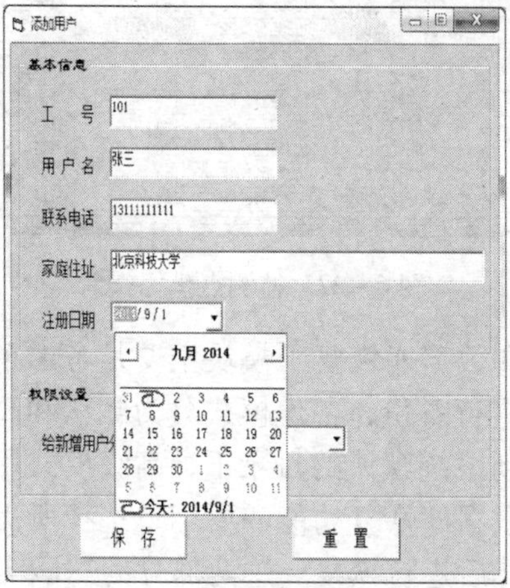

图 6 – 26　"添加用户"界面

对于添加成功的用户，用户的初始密码为 000000，添加后的用户，可以进行用户密码修改来保障个人账号的安全性。用户信息查询采用的是模糊查询的功能，根据查询条件，不用完全匹配用户的信息，即可查询出待查询用户的基本信息，方便管理。

6.4.3　数据管理模块

数据管理模块包括数据信息查询、数据库备份和数据库恢复三个子模块。其中，数据信息查询主要是查询排土场滑坡短期预警指标的动态数据信息，高村排土场对位移量的监测数据，监测点的坐标及分区情况如图 6 - 27 所示。

图 6 - 27　监测点坐标查询

数据库备份和数据库恢复子模块主要是考虑系统的安全性，及时对系统数据库进行备份，备份模式分为默认和高级两种，默认模式将数据库备份到系统默认的目录下，高级模式用户可以指定数据库备份的路径。数据库恢复功能需要用户选择所需恢复的数据来源和恢复的路径，然后进行恢复。这两部分的功能实现如图 6 - 28 和图 6 - 29 所示。

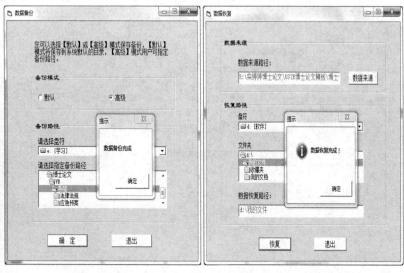

图 6 – 28 数据库备份 图 6 – 29 数据库恢复

6.4.4 案例管理模块

案例管理模块包括案例信息添加、案例信息查询和案例信息删除三个子模块。它为案例推理的预警方法提供数据信息。

案例信息添加包括案例的基本信息和案例的特征信息还有案例的应急信息，基本信息包括案例编号、滑坡时间、滑坡名称、滑坡地点、滑坡原因、滑坡类型、滑坡规模及滑坡危害；特征信息包括黏聚力、内摩擦角、边坡角度、基底承载力、地震烈度、降雨条件、排土工艺及乱采乱挖，应急信息包括防护措施、应急预案、处置效果及备注，图 6 – 30 为太钢尖山铁矿排土场滑坡的案例信息。

案例信息查询子模块首先选择查询条件，查询条件有 3 个，分别为案例的基本信息、案例的特征信息和案例的应急信息，图 6 – 31 为案例的基本信息查询截图，案例信息删除，通过案例编号查询案例，如果不输入编号，则查询的结果为所有案例，右键点击要删除的案例信息，系统会自动提示是否要删除案例，如图 6 – 32 所示。

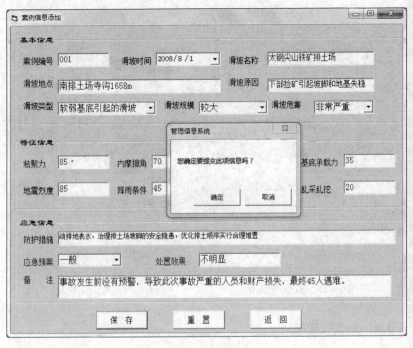

图 6 – 30 案例信息添加

图 6 – 31 案例基本信息查询　　　　图 6 – 32 案例信息删除

6.4.5 预警管理模块

预警管理模块包括预警信息查询、短期预警方法和中长期预警方法三个子模块。这部分内容是预警管理的核心，包括的信息比较多,功能实现很复杂,基本思路是按照本书建立的短期和中长期预警指标体系、权重确定及预警方法的研究来实现。

预警信息查询包括短期预警指标体系及权重、中长期预警指标体系及权重、短期预警准则和中长期预警准则四个部分,通过点击不同的按钮来查看预警指标体系和相应指标的权重值,如图 6 – 33所示;预警准则划分了五个预警等级,分别为Ⅰ级、Ⅱ级、Ⅲ级、Ⅳ级和Ⅴ级,给出了相应的预警名称和预警信号,以及预警指标的取值范围,短期预警准则如图 6 – 34 所示,选择某一个预警等级,在预警信号中会对应显示不同的颜色,Ⅰ级对应红色预警、Ⅱ级对应橙色预警、Ⅲ级对应黄色预警、Ⅳ级对应蓝色预警、Ⅴ级对应无警,预警信号为绿色,在预警准则下面会显示 8 个预警指标的取值范围和预警指标的分数范围,如图 6 – 35 所示。

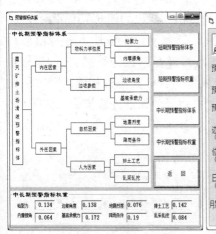

图 6 – 33　预警指标体系及权重

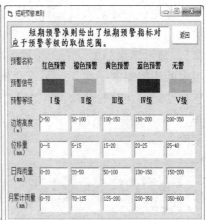

图 6 – 34　短期预警准则

短期预警方法采用基于可拓学的原理,首先是方法的计算原理说明,用户只需输入 4 个短期预警指标的监测数据值,点击【预警指标输入】,系统根据输入的待预警数据的值,计算出预警指标关于预警等级的综合关联度,根据最大关联度及级别特征变量的值,判断待预警数据的预警等级和预警名称。如图 6 – 36 所示。

中长期预警方法采用基于案例推理的预警方法,如图 6 – 37 所

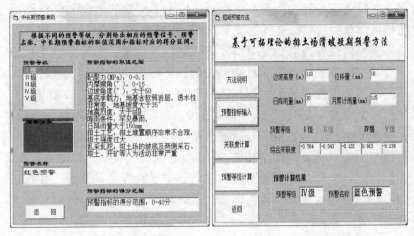

图6-35　红色预警准则　　　　　图6-36　短期预警方法

示，首先点击【输入目标案例】的按钮，弹出如图6-38所示界面，输入完整的目标案例信息，点击【返回】，再点击【案例相似计算】，显示结果如图6-39所示，点击【显示预警等级】，如果检索出来的相似度大于85%，系统会根据与目标案例最相似的源案例信息自动提示预警的等级和预警信号，以及建议的处置措施，如图6-39所示。如果检索出来的相似度小于85%，系统会提示没有匹配案例。

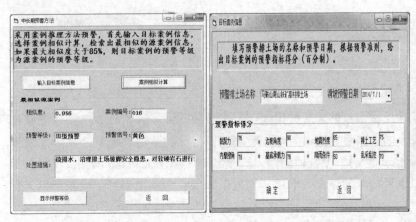

图6-37　中长期预警方法　　　　　图6-38　目标案例输入

图 6-39　预警信息提示

6.4.6　应急管理模块

应急管理模块包括应急预案添加、应急预案下载和应急响应程序三个子模块。应急预案添加的功能如图 6-40 所示，输入应急预案的名称和发布的时间，类别包括专项和综合两种，文件来源从计算机上选择，选择完文件路径后，点击【添加】，系统显示文件添加完成。

查询应急预案子模块中提供了许多矿山排土场的专项和综合应急预案，通过输入查询条件（查询条件为模糊查询，不用输入完全匹配的查询信息），即可查出相应的应急预案，鼠标右键点击所要下载的应急预案名称，即可以保存应急预案到指定的目录中，应急预案的下载如图 6-41 所示，成功保存所下载的应急预案，系统会自动提示下载成功。

应急响应程序如图 6-42 所示，为管理者提供了事故发生时的应急流程，让管理者熟练掌握面对警报时应该如何开展救援工作。

图 6-40 添加应急预案

图 6-41 应急预案下载成功

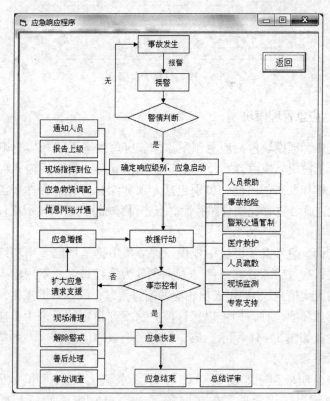

图 6-42 应急响应程序

7 露天矿山边坡和排土场灾害控制对策及机理研究

露天矿山边坡的灾害类型包括滑坡、崩塌和倾倒，排土场的灾害类型包括滑坡和泥石流。边坡和排土场最常见的灾害类型是滑坡，因此本章仅研究滑坡的控制对策。

7.1 边坡失稳控制方法体系研究

边坡失稳的控制方法很多，需要根据边坡失稳的特点、矿山企业的实际情况，确定科学经济的控制方法。

7.1.1 边坡失稳控制方法的对比

通过对各种边坡失稳控制方法进行对比研究，可以看出每种控制方法都有其适用条件及优缺点，因此，在控制方法的选择上要综合考虑，选取最适合的边坡控制方法。各种边坡失稳控制方法的对比情况如表 7-1 所示。

表 7-1 边坡失稳控制方法对比

方法名称	原理简述	适用条件	优 点	缺 陷
疏排水	将滑坡体内及附近的地下水疏干，以提高岩体内摩擦角和粘结力，分为排除地表水和地下水	滑坡岩体含水率高，而滑床岩体的渗透性不好	能有效防止岩（土）体在可能形成地表水或地下水的时候抗剪强度降低	排除地下水比较复杂和艰巨，而且投资巨大
削坡减载	放缓边坡坡率，从滑体的上部主滑段和牵引段挖去部分滑体岩土以减少滑体重量和主滑体推力	适用于推动式滑坡或由塌落形成的滑坡，并且滑床上陡下缓，滑坡后缘及两侧的地层稳定，不致因刷方而引起滑坡向后或向两侧发展	施工简便、经济、安全可靠	只能减小滑体的下滑力或增大阻滑力，不改变下滑趋势，不能长久稳定滑坡，必须辅以相应的支挡加固工程；削坡部分的上部还有陡坡或者高压线路等时，削坡会使边坡问题变得更加复杂

续表 7-1

方法名称	原理简述	适用条件	优 点	缺 陷
挡墙	在滑体下部修筑挡墙以增大滑体的抗滑力	滑体松散的浅层滑坡，要求有足够的施工场地和材料供应	稳定滑坡收效较快，就地取材，施工方便	抗滑挡墙容易变形
防护网	利用防护网围护坡面防止滑坡滚石伤人	坡面比较破碎的边坡	简便实用，耗费低	不能稳固滑坡，只能起到表面拦截和防护的作用
锚杆（索）	利用锚杆和岩体的共同作用，改善边坡岩体的稳定条件	可能滑动或已经滑动的岩质边坡	可以改变边坡岩体的受力状态和不平衡条件，提高岩体的整体性，增加滑面上的抗滑力	耗费比较高
抗滑桩	为侧向受荷，通过桩身将上部承受的坡体推力传给桩下部的侧向土体或岩体，依靠桩下部的侧向阻力来承担边坡的下推力，而使边坡保持平衡或稳定	适用于松散软弱的岩质边坡、塑性流动性较小的土质边坡和地下水丰富而不易产生锚固力或对预应力锚索有腐蚀作用的地层	抗滑能力大，支挡效果好；对滑体稳定性扰动小，施工安全；设桩位置灵活；能及时增加滑体抗滑力，保证滑坡的稳定；施工过程中可验证地质资料	开挖比较困难；布桩困难，桩后被动抵抗能力有限；抗滑桩有效支挡深度有限；要求有较大的截面和刚度；外漏式影响环境美观，一般截面较大
土钉墙	充分利用土体的自承能力，在边坡中按照一定的水平与竖向间距和长短布置由钢筋制成的土钉进行加固	适用于较浅和土质较好的土质边坡或成孔困难的地层	经济，造价低廉，施工便捷，施工设备轻便，操作方法简单，施工灵活，施工所需场地较小，施工时对环境震动小；材料用量和工程量省、工期短；结构轻巧，柔性和延性较好；可以根据现场开挖发现的土质情况和现场检测的土体变形数据，修改土钉间距和长度等，进行动态设计	土体的性质对土钉墙的影响比较大，对于不符合适用条件的土体需要考虑采用复合土钉墙或其他支护方式，单纯使用土钉墙往往会产生过大的变形，或土体与土钉之间的抗拔力不够而局部失稳破坏

方法名称	原理简述	适用条件	优 点	缺 陷
锚喷支护	采用锚杆和喷射混凝土支护围岩；锚杆和喷射混凝土与围岩共同形成一个承载结构，可有效地限制围岩变形的自由发展，调整围岩的应力分布，防止岩体松散坠落	边坡尤其是碎裂结构或散体结构边坡	效果良好且费用低廉	喷层外表不佳
框架梁锚固	利用锚固在边坡深部稳定岩土层内的锚杆产生抗拔力，使框架梁、土体、锚杆三者相互制约，改善土体力学性能，从而形成内力平衡的整体结构	适用于土质边坡和破碎基岩边坡	锚索框架梁具有良好的应力分散作用，可形成群锚效应，能调整应力在框架梁上的分布，使受力更加合理，提高边坡的整体抗滑能力	造价高，仅在那些浅层稳定性差的土质边坡和破碎基岩边坡中采用
抗剪洞	穿越软弱结构面的大体积混凝土，可提高边坡抗滑稳定性	适用于坚硬完整岩体内可能发生沿软弱结构面剪切破坏时	具有较高的抗剪强度，能够有效改善深部软弱结构面的强度	深度大、开挖断面大、岩石情况复杂；整个开挖工程施工较为集中，强度高、难度大，工期紧张
锚固洞	在拟固定的岩体上打平洞，并回填混凝土或钢筋混凝土形成锚固洞，使锚固洞与围岩联合受力，提高抗剪强度	适用于需要加固的坚硬、较完整的岩质边坡内	抗剪作用显著	
固结灌浆与注浆	用液压或气压把能凝固的浆液注入物体的裂缝或孔隙中，以改变灌浆或注浆对象的物理力学性质	适用于以岩石为主的滑坡、崩塌堆积体、岩溶角砾岩堆积体及松动岩体边坡	一方面能够固结围岩或堆积体，从而提高其地基承载力，避免不均匀沉降；另一方面能够提高坡体的抗剪强度及滑体稳定性	滑带土含水量较高且多呈软塑状的黏性土，水泥砂浆的可灌性差，常常是孔隙大的滑体中进浆了，而要加固的滑带进浆甚少，效果不佳

方法名称	原理简述	适用条件	优 点	缺 陷
爆破减震	以松动爆破法破坏滑面，增大其内摩擦角，同时地下水通过松动岩层渗入稳定的滑床	滑面单一，滑面附近的岩体完整性好，排水性良好，滑坡体上部没有重要设施	施工迅速、简单，可以阻断或减弱爆破地震波对边坡的冲击	不能用来整治细颗粒土滑坡；大区域的爆破还可诱发边坡深层大型滑坡
生态防护	传统的方法为人工撒种草籽，点种、栽培、喷播植草，利用植物根系固地表土，利用植物的枝叶减缓雨水的冲刷作用	一般适用于边坡不高、坡角不大的稳定边坡	利用生态防护的方式治理边坡既能美化环境又能巩固边坡，是一种重要的边坡治理手段	需要人工经常维护

7.1.2 边坡失稳控制方法的选取

边坡的治理在露天矿山中具有重要的地位，不仅关乎矿山企业的经济效益，更关乎从业人员的人身安全和生产的正常进行。边坡控制的体系繁杂，内容庞大，治理工作应当贯彻"安全第一、预防为主、防治结合"的总原则，坚持"先主动后被动，先里后表，分阶段实施"的原则，具体问题具体分析，选择合理的控制方法。

边坡失稳控制方法选择的原则主要有以下几点：

（1）坚持预防为主的原则。边坡失稳一旦发生，往往危害严重且治理费用昂贵，因此露天矿山边坡的控制与治理要以预防为主。露天矿山的设计与开挖应当预先合理制定，高应力区开挖边坡时要注意合理布置边坡的方向，尽可能使边坡走向大致与地区最大主应力方向一致，深凹露天矿应采用似椭圆形或矩形封闭圈，其长轴应平行于最大主应力方向。此外，对于可能导致边坡稳定性下降的因素，应事先采取必要的措施，提前消除或改变这些因素，防治失稳灾害的发生，以保持边坡的稳定性。

（2）一次根治不留后患的原则。实践经验告诉我们，对工程设施和人身安全危害较大的滑坡，必须查清其性质，一次根治，不留后患。这里有两层意思：首先是对危害性质要有充分的认识，不仅有地质勘察资料，最好还有滑坡动态监测和地下水变化的资料，以便对边坡失稳的动态过程做出正确的判断。其次是在治理滑坡的措施上要强大，"宁稍过之而无不及"，即使之后出现了不利因素的组合作用，边坡也能继续保持稳定。如果治理不够彻底，多次施工后边坡依然不能很好地稳定，则若治理工程一次次被破坏，失稳范围会继续扩大，治理经费也将远远大于一次性大力治理的费用。

（3）全面规划分期治理的原则。对于规模巨大、性质复杂的边坡，短期内不容易查清其性质，治理费用也很昂贵，边坡变形失稳过程往往较为缓慢，在短期内不会造成巨大灾害的情况下，应做出规划，分期治理。一般先进行应急工程，防止滑坡恶化；再做永久治理工程，根治边坡失稳。

（4）综合治理原则。边坡失稳常常是在多种因素作用下发生的，具体到每个边坡又有不同的主要作用和诱发因素。因此，边坡的治理应针对主要因素采取主要工程措施，同时采用其他措施进行综合治理，以限制其他因素的作用。

（5）技术可行经济合理的原则。任何一项工程都应要求在技术上可行、经济上合理，对于边坡失稳治理来说也不例外。治理时要求在保证预防和有效治理边坡的前提下尽量节约投资，要结合边坡具体地质条件和保护对象的重要性，提出多个预防和治理的方案进行比选，使得采取的措施耐久可靠、施工方便、就地取材、经济合理。

（6）动态设计、动态施工的原则。边坡失稳的情况有时会十分复杂，尤其是超大型露天矿边坡，由于多种条件和因素的限制，仅通过勘察难以掌握边坡各部位的真实情况，这时可利用施工开挖进一步查清其地质特征；并根据实际情况调整或者变更原有设计，相应调整施工内容、施工顺序与施工方法，进行动态设计和动态施工。

（7）加强边坡维护与保养的原则。边坡失稳工程结束之后，要随时注意工程维护和保养，使其处于良好的工作状态，发挥应有的作用，防止其失效。如地表和地下排水沟的清理、疏通，裂缝的修补和夯填，滑坡动态和地下排水效果及支挡建筑物变形监测等。

7.2　分层多次高压注浆预应力锚固技术机理研究

分层多次高压注浆利用的是岩石水力劈裂的原理，所以研究岩石的水力劈裂过程可以形象地说明分层高压注浆的过程。

7.2.1　水力劈裂的过程

水力劈裂通常指土体或岩体在高液体压力下产生裂缝并发展的过程。本书通过对某岩体水力劈裂的试验资料进行研究，利用岩体的结构和渗透性发生的变化与水压力的关系，描述岩石水力劈裂的过程，如图 7 - 1 所示。

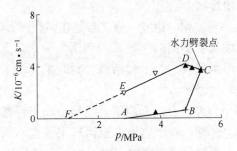

图 7 - 1　水力劈裂过程中的 K - p 曲线

AB 段：原岩的弹性变形阶段。随着水压力的增加，岩体的渗透系数增大。这是因为水压力和围压的方向相反，随着水压力的增大，岩体所受的有效压力在不断减小，致使岩体（主要是岩体内的孔隙、微裂隙）发生弹性膨胀，故岩体的渗透系数呈线性增大。A 点为在天然情况（水力劈裂前）下，水在岩体中渗流的起始压力，当压力大于该值时，渗流才能够发生。

BC 段：岩体的压裂阶段。曲线的斜率很陡，表明在水压力变化很小的情况下，岩体的渗透系数大幅度增加。C 点为水力劈裂点，说明随着水压力的继续增大，水压力值大于孔口壁岩体的最小主应力值和岩体的抗拉强度之和，这时在孔口壁发生张破裂，即岩体发生了水力劈裂。故压入的水量及岩体的渗透系数突然增加很大。

CD 段：岩体裂隙的失稳扩展阶段。随着水压力的减小，岩体的渗透系数增大。这一现象看似反常，其实不然。岩体发生水力劈裂后，虽然水压力下降，但这时裂缝在不断扩大，其机理可由图 7 – 2 来说明。

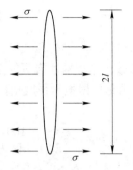

图 7 – 2 裂隙扩展的非稳定阶段

图 7 – 2 中 σ 为作用在椭圆形裂隙面上的水压力。在这种情况下，

$$K_1 = \sqrt{\sigma l}$$

式中 K_1——裂隙尖端的压力强度因子；

l——裂隙长度的 1/2。

由该式可知，裂隙尖端的压力强度因子随着裂隙的长度的增加而增加。换句话说，裂隙一旦开始延伸将不再停止，除非遇到天然裂隙及其他岩体界面。故该阶段岩体中裂隙是 *BC* 段水力劈裂形成的裂隙的延续。所以，在该段虽然水压力在减小，但岩体的渗透性却在不断增加。

DE 段：稳定后岩体的弹性变形阶段。在 *D* 点水力劈裂过程结束，已形成的裂隙不再扩大。在水压力的作用下岩体及已形成的裂隙发生弹性变形。故随着水压力的降低，岩体的渗透性呈线性减小。

EF 段：为 *DE* 段的外推段。此段表明岩体的渗透性与水压力呈线性关系。其中 *F* 点表示岩体发生水力劈裂后的起始渗透压力，和 *A* 点相比，可见岩体发生水力劈裂前后，岩体渗流的起始压力变化较大，这主要是由于岩体在水力劈裂过程中产生了新的水力劈裂缝造成的。

7.2.2 水力劈裂作用的断裂力学分析和起劈压力确定

首先用到的是 Hoek – Brown 经验强度准则：

$$\sigma_1 - \sigma_3 = \sigma_3 \left(m \frac{\sigma_3}{\sigma_{ci}} + s \right)^{\alpha} \qquad (7-1)$$

式中 σ_{ci}——完整岩石试件的单轴抗压强度；

m, s, α——半经验参数，用来描述岩石的基本特征。

在实际中，这些参数是根据地质强度指标（GSI）的半经验指标来计算。

$$m = m_i \exp\left(\frac{GSI - 100}{28 - 14D} \right) \qquad (7-2)$$

$$s = \exp\left(\frac{GSI - 100}{9 - 3D} \right) \qquad (7-3)$$

$$\alpha = \frac{1}{2} + \frac{1}{6}\left[\exp\left(-\frac{GSI}{15} \right) - \exp\left(-\frac{20}{3} \right) \right] \qquad (7-4)$$

式中 D——岩石破坏程度或是应力松弛程度的参数，其取值在 0 ~ 1 之间；

m_i——取值在 0 ~ 100 之间。

如前所述，水力劈裂作用实际上是在高压水头压力作用下，岩体断续裂隙（或空隙）发生扩展，裂隙（或空隙）相互贯通后再进一步张开所致。为此，可以建立如图 7 - 3 所示的断裂力学模型，分析发生水力劈裂作用的临界水头压力值，并以此为基础研究破碎岩体中劈裂灌浆压力的力学机理。

图 7 - 3 中所示的岩土体中含有一个长度为 $2a$ 的裂纹（断裂力学中称裂隙为裂纹），裂纹中有孔隙水压力作用，σ_1 为大主应力，σ_3 为小主应力，σ_n 为裂隙上的正应力，τ 为裂隙上的剪应力。

根据 Hoek 对 Hoek – Brown 强度准则的修正理论，裂纹面上的应力状态为

$$\sigma_n = \frac{\sigma_1 + \sigma_3}{2} - \frac{\sigma_1 - \sigma_3}{2} \frac{\dfrac{d\sigma_1}{d\sigma_3} - 1}{\dfrac{d\sigma_1}{d\sigma_3} + 1} \qquad (7-5)$$

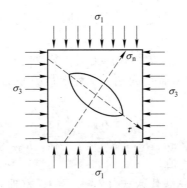

图 7 - 3　破碎岩体断裂力学分析模型

$$\tau = (\sigma_1 - \sigma_3) \frac{\sqrt{\dfrac{\mathrm{d}\sigma_1}{\mathrm{d}\sigma_3}}}{\dfrac{\mathrm{d}\sigma_1}{\mathrm{d}\sigma_3} + 1} \qquad (7-6)$$

$$\frac{\mathrm{d}\sigma_1}{\mathrm{d}\sigma_3} = 1 + \alpha m \left(m \frac{\sigma_3}{\sigma_{ci}} + s \right)^{\alpha-1} \qquad (7-7)$$

式中　σ_n——裂纹面上的法向应力；

　σ_1，σ_3——分别为岩土体单元的大小主应力；

　　　τ——裂隙上的剪应力。

式（7-7）是裂纹不受内压力的作用下的正应力和剪应力。当裂纹中有孔隙水压力 p 时，则其裂纹上的正应力和剪应力分别为

$$\begin{cases} \sigma_n = -\dfrac{\sigma_1 + \sigma_3}{2} - \dfrac{\sigma_1 - \sigma_3}{2} \dfrac{\alpha m \left(m \dfrac{\sigma_3}{\sigma_{ci}} + s \right)^{\alpha-1}}{2 + \alpha m \left(m \dfrac{\sigma_3}{\sigma_{ci}} + s \right)^{\alpha-1}} - p \\[4mm] \tau = (\sigma_1 - \sigma_3) \dfrac{\sqrt{1 + \alpha m \left(m \dfrac{\sigma_3}{\sigma_{ci}} + s \right)^{\alpha-1}}}{2 + \alpha m \left(m \dfrac{\sigma_3}{\sigma_{ci}} + s \right)^{\alpha-1}} \end{cases} \qquad (7-8)$$

断裂力学中，规定拉应力为正，压应力为负，而岩土力学中的正负号恰好相反，故在式（7-8）中加上负号。在高水头压力作用下，裂纹法向应力可能为负值，也可能为正值。法向应力的性质不

同，裂纹的扩展方式和扩展条件也不同，下面分别就两种情况下确定其起劈压力。

（1）当裂纹法向应力为拉应力时，裂纹的扩展问题属于断裂力学中的Ⅰ、Ⅱ复合型裂纹问题。工程上最关心的是裂纹扩展条件，这里选用近似判据：

$$K_{\mathrm{I}} + K_{\mathrm{II}} = K_{\mathrm{I}C} \tag{7-9}$$

式中，$K_{\mathrm{I}} = -\sigma_n \sqrt{\pi a}$，$K_{\mathrm{II}} = K_{\mathrm{II}C} = \tau \sqrt{\pi a}$，$K_{\mathrm{II}C}$ 为 Ⅱ 型断裂韧度值，$K_{\mathrm{I}C}$ 为 Ⅰ 型断裂韧度值。

将 K_{I}、K_{II} 表达式代入式（7-9）中，整理后可得复合型裂纹发生水力劈裂作用时的临界水头压力值 p_c。

$$p_c = \frac{\sigma_1 + \sigma_3}{2} - \frac{\sigma_1 - \sigma_3}{2} \frac{\alpha m \left(m \dfrac{\sigma_3}{\sigma_{ci}} + s \right)^{\alpha-1}}{2 + \alpha m \left(m \dfrac{\sigma_3}{\sigma_{ci}} + s \right)^{\alpha-1}} -$$

$$(\sigma_1 - \sigma_3) \frac{\sqrt{1 + \alpha m \left(m \dfrac{\sigma_3}{\sigma_{ci}} + s \right)^{\alpha-1}}}{2 + \alpha m \left(m \dfrac{\sigma_3}{\sigma_{ci}} + s \right)^{\alpha-1}} - \frac{K_{\mathrm{I}C}}{\sqrt{\pi a}} \tag{7-10}$$

（2）当裂纹法向应力 σ_n 为压应力时，裂纹扩展问题属于Ⅱ型裂纹问题。裂纹在压应力作用下将闭合，闭合后的裂纹均匀接触并能传递正应力和剪应力，此时裂纹上的有效剪应力为

$$\tau' = \tau - \sigma_n \tan\varphi \tag{7-11}$$

式中 φ——裂纹面上的内摩擦角。

假定裂纹的闭合力为零，将 τ 代入 K_{II} 表达式，有

$$p_c = \frac{\sigma_1 + \sigma_3}{2} - \frac{\sigma_1 - \sigma_3}{2} \frac{\alpha m \left(m \dfrac{\sigma_3}{\sigma_{ci}} + s \right)^{\alpha-1}}{2 + \alpha m \left(m \dfrac{\sigma_3}{\sigma_{ci}} + s \right)^{\alpha-1}} -$$

$$\left[\frac{K_{\mathrm{II}C}}{\sqrt{\pi a}} + (\sigma_1 - \sigma_3) \frac{\sqrt{1 + \alpha m \left(m \dfrac{\sigma_3}{\sigma_{ci}} + s \right)^{\alpha-1}}}{2 + \alpha m \left(m \dfrac{\sigma_3}{\sigma_{ci}} + s \right)^{\alpha-1}} \right] \frac{1}{\tan\varphi} \tag{7-12}$$

至此，可以求出基于 Hoek - Brown 经验强度准则下的 II 型和复合型裂纹劈裂注浆的注浆压力。

7.3 复合锚固桩技术机理研究

7.3.1 复合锚固桩技术机理

复合锚固桩是一种新颖的加固技术，在国内外基础加固领域相关文献不多。采用复合锚固桩对地基进行加固是地基处理中逐渐被广泛采用的一种工法，通过采用复合锚固桩，原有地基被改造成复合地基。它多被用于地基软弱、地基承载力不足、上部荷载比较大和对建筑物基础沉降有严格限制的工程中。

在岩土界该种桩体被称为"岩土改性锚固桩"，由中铁十六局集团有限公司与中铁工程设计咨询集团有限公司在北京地铁十号线的桥桩保护设计中，率先将"岩土改性锚固桩"工法进行吸收、改进，用于地铁临近桥梁基础的保护设计与施工，从该种工法的机理出发，将该种工法命名为"复合锚固桩"加固地层技术。

之所以被称为"复合锚固桩"是因为，地基通过工法改善后呈现了以下工程特性：

（1）材料的复合——锚杆束（钢筋束）、注浆材料、改良地基土层；

（2）形成复合地基——桩体、改良地基土层；

（3）地基和基础的复合——当基础结构和复合锚固桩形成可靠连接后，能够形成"原有基础 + 复合锚固桩 + 改良地基"联合工作的状况；

（4）锚固桩作用的复合——不同于大直径桩，小直径桩不仅承受竖向压力，还能够抗拉、剪、扭、弯。

如图 7 - 4a 所示，复合锚杆桩与传统的微型桩所不同的是在同一个钻孔中安装多个长度不同的锚固单元桩体，而每个锚固单元桩体有自己的杆体、自由长度和固定长度，通过中高压注浆能使粘结应力比较均匀地分布在整个固定长度上，并能将上部载荷分散地传递给钻孔内的不同锚固单元，从而达到减少或根除桩侧摩阻力失效或局部失效的目的。

该技术是充分利用锚固体的承压特性，一端与上部的结构物相接，另一端则通过钻孔与下伏岩土体相连，通过中高压注浆保证浆液在每根单元桩体的指定位置定点扩散，整体形成一串"葫芦"形状的承载体（见图7-4b)，同时由于浆液在高压下的有效扩散，实现了原岩土层的整体改性，显著提高软弱岩土体的承载能力，该技术将锚固桩与岩土体有机地结合在一起，共同承受和传递上部结构的载荷。

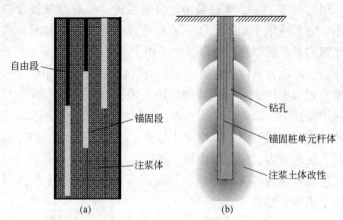

(a)   (b)

图7-4 复合锚固桩单桩结构示意
(a) 复合锚固桩结构示意；(b) 复合锚固桩施工效果示意

7.3.2 复合锚固桩的力学特性

7.3.2.1 复合锚固桩的工作特性

作为复合地基的重要组成部分，锚固桩桩体在改善和提高地基承载能力方面发挥十分重要的作用。对于普通锚固桩，由于桩体与岩土体的弹性特征难以协调一致，因此在锚固桩承受载荷时，不能将荷载均匀分布于桩体整个长度上，会出现严重的应力集中现象，如图7-5a所示。多数情况下，随着桩体承受荷载的增大，在荷载传至固定长度最远端之前，在锚固杆体与注浆体或注浆体与岩土接触面上会发生粘结效应逐步弱化或脱开的现象，这是与粘结应力沿桩体分布不均匀紧密相关的。

当采用复合锚固桩技术作为地基处理的手段，由于单元锚固桩体的固定长度较小，在不发生桩体粘结效应逐步弱化或"脱开"的情况下，能最大限度地调用复合锚固桩在整个固定长度范围内的地层强度，如图 7-5b 所示。

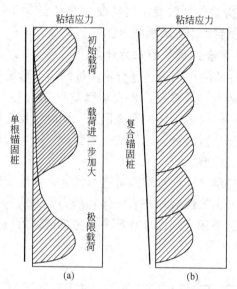

图 7-5 单根锚固桩与复合锚固桩沿固定段粘结应力分布特征
(a) 单根锚固桩；(b) 复合锚固桩

与普通单根锚固桩相比，复合锚固桩具有如下工作特性：

(1) 复合锚固桩系统的整个固定长度理论上是没有限制的，桩体承载能力可随固定长度的增长而提高。而对普通锚固桩而言，当固定长度大于 6m 时，其承载能力增量很小或无任何增加。

(2) 当锚固桩的固定段位于非均质地层中时，可以合理调整单元锚固桩体的固定长度，即比较软弱的地层中单元锚固桩体的固定长度应大于比较坚硬地层中的单元锚固桩体的固定长度，这样可使不同的地层强度都得到充分的利用。

作为软弱土地基处治的技术手段，通常情况下，复合锚固桩是与压力注浆并存的，在施工过程中通过一定的施工工艺可以使注浆压力达到 3MPa 以上，风化、破碎或软弱的岩土体在中高压浆体的作用下，裂隙被充填、岩土体被挤压和劈裂，孔壁周围的岩土被逐渐固结和强化，外部的岩土体则在劈裂和充填机理的作用下形成新的锚固体——异形扩体，此时，承载段的粘结剪切面不是原来的圆柱体，而是不规则的曲面，滑移面内外均受到注浆体的影响，特别是中高压注浆的劈裂作用改变了滑动曲面处岩土体的物理力学性质，从而大幅提高复合锚固桩的承载力。

7.3.2.2 复合锚固桩的应力计算

在中高压注浆的作用下，复合锚固桩的周围形成了连续的异形扩大锚固体，因此，复合锚固桩在承受垂直方向上的压力载荷时，不仅要克服锚固体与岩土体的摩擦阻力，同时还要克服扩大体受压部位岩土体的抗压强度和注浆体的抗剪强度，因而可以有效提高复合锚固桩的承载效果。

复合锚固桩单桩设计按摩擦桩进行计算，设计过程中考虑桩体的承载能力、岩土改性后地基岩土体物理力学性质的变化、锚固桩的群桩效应等影响因素。设计计算中不考虑群桩效应，摩擦桩受力分析如图 7-6 所示。

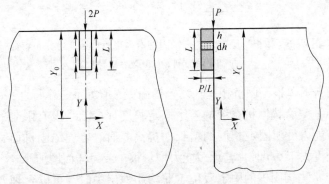

图 7-6 摩擦桩受力分析模型

考虑到锚固桩固定单元全部位于土层、软弱岩土层中，锚固桩桩体与浆体之间的握裹力及浆体与钻孔孔壁岩体之间的粘结力是复合锚固桩承载的薄弱环节，固定段应按锚固桩与浆体结合破坏、锚固桩与岩土体结合破坏两种形态来考虑。以下为单桩按摩擦桩考虑的计算过程：

（1）锚固桩单元杆体与浆体结合不牢而发生剪切破坏，按 τ_a（浆体与杆体之间的握裹力）计算得

$$p = \frac{\pi d L_1 \alpha \tau_a \psi}{K_a} \qquad (7-13)$$

其等效地基承载力 P 为

$$P = \frac{p}{s} \qquad (7-14)$$

式中　p——设计锚固桩承受荷载；

　　　s——单根复合锚固桩承担的基础面积；

　　　d——杆体直径；

　　　α——折减系数；

　　　ψ——锚固有效因子；

　　　L_1——锚固桩锚固段长度；

　　　K_a——安全系数。

（2）由于浆体收缩等原因造成整个锚固桩沿孔壁发生剪切破坏，按 τ_b 计算得

$$p = \frac{\pi D L_2 \alpha \tau_b \psi \lambda}{K_b} \qquad (7-15)$$

式中　D——钻孔直径；

　　　d——杆体直径；

　　　L_2——锚固桩锚固段长度；

　　　τ_b——砂浆与孔壁岩体间粘结强度；

　　　λ——中高压注浆扩体效应因子；

　　　K_b——安全系数。

其等效地基承载力 P 按式（7-14）计算。

8 分层多次高压注浆预应力锚固技术研究

分层多次高压注浆预应力锚固技术是一种复合了多种工艺的新型锚固技术。在露天矿山岩质边坡，特别是岩体较为破碎的岩质边坡采用传统的预应力锚固技术，常常达不到理想的效果，而分层多次高压注浆预应力锚固技术可以改善治理效果。

8.1 高压注浆锚固技术应力分布实验室研究

8.1.1 试验目的

试验的目的是研究一般锚固体与异形锚固体应力分布的特点。表面锚固型（全长粘结型）和内部锚固型锚固段的剪应力和轴力具有相同的分布形式，只不过参数不同，说明两者的受力特征是一样的。因此，本研究以粘结型锚固方式进行试验（即试验模型没有自由端，直接对锚固体进行分析）。

8.1.2 试验过程

试验的过程全部都是在实验室条件下完成的，由于主要是通过试验传统的拉拔方式，测试注浆异形体条件下的锚固效果以及粘结应力分布特点，及其与传统柱形锚固体条件下的锚固效果以及粘结应力分布，因此试验没有严格按照相似率来模拟边坡现场。另外，根据锚杆应力分布与传递机理理论，采用全长粘结型锚杆进行模拟实验。试验主要对传统柱形锚固灌浆体杆体应力分布进行测试。

为了达到试验目的，需要制作便于实验室锚杆拉拔试验的经济有效的模型，模型的规格如图 8 - 1 所示。

8.1.2.1 水泥外壳试验模型的制作

（1）制作模拟裂隙岩体周围较完整围岩的外壳。利用 $\phi400mm$，

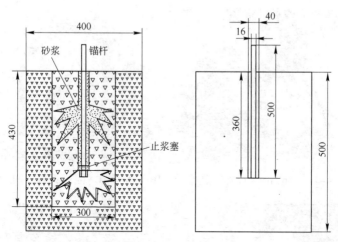

图 8 - 1 模型规格示意图

高约 500mm 的波纹管为无盖模具制作模型，并先在模具中注入 C42.5 普通硅酸盐水泥（水灰比 1:2），浇注成 60～70mm 厚的底（见图 8 - 2、图 8 - 3），待初凝后，在模型中间放入 φ360mm 上下无底由 PVC 管裁制成的筒形模型（见图 8 - 4、图 8 - 5）。在较大筒形模具与较小模具间的环形空间内继续浇入 C42.5 的普通硅酸盐水泥（见图 8 - 6）。浇注完毕后，抽出无底模具养护 24h 并待其终凝成型（见图 8 - 6～图 8 - 8）。

图 8 - 2 φ400mm 波纹管　　图 8 - 3 浇注的模型底部

（2）为了达到测试锚杆拉拔时，应力传递到作为模拟较完整岩体的外壳处情况的目的，在进一步制作模型之前，首先要在成型的

图8-4　φ360mmPVC管的裁制

图8-5　PVC管作为内衬用于模型制作

图8-6　模型外壁的浇注

图8-7　模型内外两套层的间隙

图8-8　外壳终凝

外壳壁面上贴应变片，所贴应变片规格为50mm×5mm（长×宽）。模型水泥外壳内壁应变片采用单点单片的测试方式，对称且均匀排布在内壁。如图8-9所示，以应变片上端计算，各片之间以90mm

为间隔对称排布于内壁，并如图 8 - 9 所示进行标号。

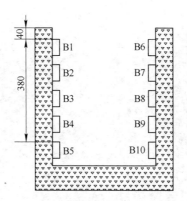

图 8 - 9 模型水泥壁面应变片布置情况

应变片贴片过程采用如下流程（见图 8 - 10 ~ 图 8 - 13）：

1）用粗砂纸打磨将要贴片的表面；

2）用细砂纸打磨；

3）用酒精棉擦拭打磨过的表面，在该表面涂上适量的 502 胶水；

4）迅速将应变片贴上（片与线的接头一面朝上）；

5）用塑料纸轻压应变片表面；

6）待胶水稍干后再在其表面涂抹适量硅胶保护应变片；

7）以上工作结束后采用万用表测量其电阻值，若显示阻值为 120Ω，说明以上过程中应变片未发生损坏，可以使用。

8）连接测试软件进行功能调试。

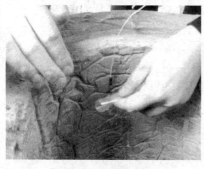

图 8 - 10 应变片粘贴

图 8 - 11 应变片在水泥壁上的排布

图8-12 应变片阻值测试　　　图8-13 应变片功能调试

8.1.2.2 贴应变片

在进行下一步模型操作之前，还要对放置于混凝土内部的应变片进行贴片布置工作，所贴应变片规格为10mm×5mm（长×宽）。如图8-14所示，将应变片均匀排列于三个薄铁片上（见图8-15），具体布置时，在模型内芯按距离钻孔约50mm和100mm处竖向布置两个贴有应变片的薄铁片，在模型高度1/2处横向布置一个薄铁片（纵向薄铁片长约390mm；横向薄铁片长约300mm）。目的是测试在锚杆受拉拔力时，应力在径向和轴向在模型体内传递的情况。

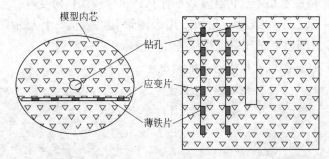

图8-14 基体内应变片排布

考虑到应变片放置位置的两个维度，距离模型上表面深度分别为150mm、300mm和450mm的应变片，其编号的第一部分分别为L1、L2和L3，应变片中心位置与锚固体中心的距离分别为21.5mm、50.5mm及79.5mm的应变片，其编号的第二部分分别为A1、A2和

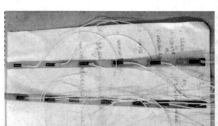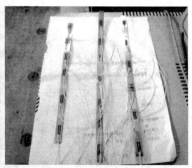

图 8 - 15 将应变片布置于薄铁片上

A3。例如，置于埋深 150mm 且距离锚固体中心 50.5mm 的应变片编号为 L1A2，其余应变片的编号依此类推。

8.1.2.3 混凝土内芯浇注

应变片贴置结束后，开始对混凝土内芯进行浇注。混凝土基体浇注使用灰砂比为 1∶3 的混凝土（见图 8 - 16、图 8 - 17），模拟锚杆锚固影响的围岩。在进行浇注的过程中，将上文所述贴有应变片的薄铁片，按图 8 - 18 所示的方式放置于其中。为了防止浇注时对应变片及其上的导线造成损伤，操作时，先将应变片放入塑料管中再置于模型内，然后进行浇注，浇注完成后将塑料管抽出即可（见图 8 - 18、图 8 - 19）。此外，在浇注时，还需将一直径为 60mm 的 PVC 管置于其中，插入深 300 ~ 310mm 作为预留钻孔的模具，并在终凝前拔出（见图 8 - 18）。

图 8 - 16　材料的称量　　　　图 8 - 17　混凝土的拌制

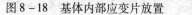

图 8-18　基体内部应变片放置　　图 8-19　抽出保护应变片的 PVC 管

8.1.2.4　安装锚杆

待以上浇灌好的模型养护 14d 后，开始安装锚杆，浇注水泥（水灰比 1:2）锚固体。试验使用 φ16mm Ⅱ型螺纹钢模拟锚杆。为了测试应力在锚杆上的分布情况，在长度约为 360mm 的钢筋锚固段以锚固端口为起始零点，按 30mm、40mm、60mm、120mm、180mm、240mm、300mm、340mm 的位置排布 8 个规格为 5mm × 3mm（长 × 宽）的应变片（见图 8-20）。贴置应变片前，先将所贴一侧的钢筋螺纹打磨光滑，之后再如上文所示步骤贴置。在锚杆贴片完毕并连接上屏蔽线之后，即可进行锚杆锚固段浇注，养护 14d 后，未进行水压致裂的，具有传统锚固体锚杆的模型制作完成，并标号为 L1（见图 8-21）。

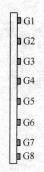

图 8-20　锚杆锚固段应变片排布　　图 8-21　未进行水压致裂的模型

8.1.2.5 封孔

制造具有水压致裂效果锚固体的模型，在以上各步骤直到安装锚杆之前的方法均相同。在最终锚固之前，需要对预留孔洞进行压力注浆。计划在钻孔内放入注浆管，在钻孔的某一高度（如距孔底约1/4或1/3深处），对钻孔进行封堵，形成钻孔中的密闭空间，然后利用注浆设备通过注浆管向被封堵的密闭空间注入液体（现已经改为油压致裂），当压力达到一定程度时，实现试验体模拟钻孔劈裂，形成锚固异形体，以提高锚固体的锚固效果。首先是进行封孔。经过多次反复试验，采用了如下封孔方式：

（1）用橡胶塞先行堵孔，以保证封孔底部留有一定的空间，如图 8-22 所示；

（2）加入一层环氧树脂（按照环氧树脂和乙二胺 4:1 的比例混合调匀）；

（3）上层干后再加入树脂和沙子（加入少量沙子，可以减少树脂收缩）；

（4）在最后的部分涂抹一层水泥；

（5）封孔过程中，内径 9.5mm 的高压注浆管也随之伸入预留孔洞中，一起封上，以备用（见图 8-23）。

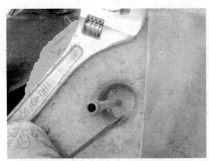
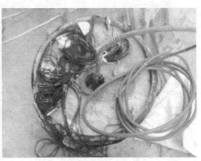

图 8-22 打入孔中的橡皮塞　　图 8-23 一起封入的高压注浆管

8.1.2.6 压力注浆

采用 YQD-700 型小型高压注浆机（工作压力 0~70MPa，见图 8-24）进行注浆试验。当 YQD-700 型小型高压注浆机持续加压到约3MPa时，压力突然减小至约等于0。模型内芯（即混凝土砂浆部分）由模型钻孔处开始纵向出现裂缝并扩展，注浆用工作液体从中渗出，模型内芯表面裂缝宽度1~5mm不等。封孔劈裂试验取得初步成功（见图8-25）。

图8-24 YQD-700型小型高压注浆机　　图8-25 模型受压出现裂缝

进行一次压力注浆的模型，在上述步骤后安装锚杆，进行养护待测。进行二次注浆试验的模型，在放入锚杆后灌入水泥距孔底至1/3处，养护14d。养护结束后，重复压力注浆，进行二次注浆。

试验对未进行注浆的模型进行了测试（见图8-26~图8-29）。测试的主要器材采用最大工作压力为15t的空压千斤顶对锚杆进行拉拔测试，以及动态采集仪。由于采用单点单片，本测试采用1/4桥连接。

图8-26 接入动态采集仪　　图8-27 进行拉拔测试的空压千斤顶

图 8 - 28 仪器的连接

图 8 - 29 数据的采集

8.1.3 预制锚固体实验过程

在实验后期，选择预制锚固异形体进行实验，取得了很好的效果。

8.1.3.1 应变片处理

运用砂纸和锉刀将锚杆打磨，保证粘贴应变片部位光滑平整；沿着锚杆自杆底而上，每隔 5cm 粘贴一枚应变片，共计粘贴 10 枚（见图 8 - 30）；将应变片均匀排列于 12 个 10cm 长的薄铁片上，每个铁片分布 3 个；将所有应变片接线。

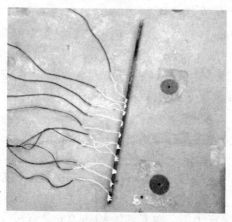

图 8 - 30 锚杆处理

8.1.3.2 制作锚固异形体

利用 ϕ360mm，高约600mm 的 PVC 管为无盖模具制作模型。首先将现场采样的石块装入塑料袋中，每袋大约装 3～4 块石头（塑料袋的作用是为了隔绝石块和水泥，便于最后去除石块）；然后将石块袋子沿着 PVC 管垒成一圈，在石块袋子间隙加入细沙，依次逐层垒高，最终形成石块外壁（见图 8-31）；最后将锚杆放入石壁形成的孔洞内，在石壁与锚杆之间注入 C42.5 普通硅酸盐水泥。浇注完毕后，养护 24h 并待其终凝成型（见图 8-32）。

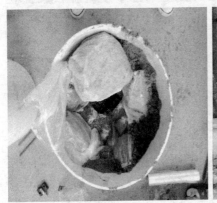

图 8-31　堆积石块外壁　　　　图 8-32　锚固异形体

8.1.3.3 制作拉拔模型

利用 ϕ400mm，高约600mm 的波纹管为无盖模具制作模型。利用钢筋将锚固异形体固定，布置应变片。在锚固体和波纹管的间隙中注入 C42.5 普通硅酸盐水泥（水灰比 1:2），浇注完毕后，养护 24h 并待其终凝成型，如图 8-33、图 8-34 所示。

8.1.3.4 拉拔实验

模型养护完成后，即可进行拉拔应力测试了。试验采用北京天地星火科技发展有限公司生产的 ZY-50T 型锚杆拉拔计（见图 8-35），最大拉拔力 50t，显示仪分辨率 0.1kN，仪器测试误差 ≤1%。另外为了减小拉拔计下压的反作用力对模型内部应力状况的影响，试验定制了反力架，以其四个脚作为支持点，并且分布在模型边缘（见图 8-36）。

图 8-33 模拟围岩浇注

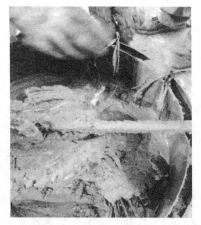

图 8-34 制作模具

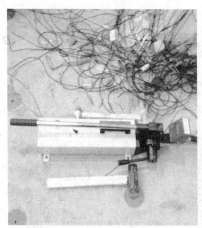

图 8-35 ZY-50T 型锚杆拉拔计

图 8-36 反力架及拉拔计千斤顶部分

试验测试采用 YSV 型动态信号采集仪,采样频率为 40Hz,应变片采用 1/4 桥的方式连接到仪器上。考虑到不同的模型制作方法会使得锚杆最大拉拔力有所不同,而试验需要在最大拉拔力之前测试得到不同拉力级别下的应力分布情况,因此最后试验数据处理时对每隔 1kN 拉拔力下的应变情况进行了截取。具体做法是,动态信号应变采集仪从锚杆拉拔计有示数起即进行采集,每隔 1kN 拉拔力即停止加压稳定 10s 并记下采集时间，如此进行下去直到发生锚固破坏即停止。

8.1.4 实验室测试结果分析

对不同的试验方案进行了尝试，得到了较成功的方案的测试结果。分别将普通锚固体模型、水力劈裂锚固体模型以及不规则锚固体模型编号为Ⅰ、Ⅱ、Ⅲ。

8.1.4.1 Ⅰ类模型的测试结果及分析

对于普通型锚固模型，将贴置于锚杆上的应变片根据所处位置的锚固深度由浅至深分别标号：G1、G2、G3、G4、G5、G6、G7、G8、G9、G10，以Ⅰ-1为例得到不同加载载荷下沿锚杆（钢筋）分布的各个应变片的应变（$\mu\varepsilon$）情况，如表 8-1 所示（表头括号里表示应变片距锚固体顶端的距离）。

表 8-1 普通锚固体模型各级载荷条件下不同锚固深度处锚杆的应变（$\mu\varepsilon$）值

载荷 /kN	G1 (10mm)	G2 (30mm)	G3 (60mm)	G4 (100mm)	G5 (150mm)	G6 (200mm)	G7 (250mm)	G8 (300mm)	G9 (350mm)	G10 (400mm)
7	60.9	37.9	19.9	18.8	9.5	3.2	3	3	2.3	2
15	170.8	140.1	102.6	72.1	46.1	20.2	8.8	7.2	6.6	5
22	265.3	211.5	160.3	118.2	78.9	36.9	16.3	15.7	16.1	16
30	351.5	286.1	201.8	142	86.3	37.8	30.6	29.2	28.6	28.2
37	357.1	349.1	221.5	151.9	91.4	46.9	39	33	31.8	30.7
45	416.2	402.9	258.6	181.9	110.2	53.9	43.5	40.5	37.8	33.1
52	530.4	500.1	320.3	213.9	130.4	62.5	55.3	44.5	40	38.6
60	588.1	579.5	381.6	255.1	151.6	67.1	65.9	65.3	54.8	45.5
67	649.9	636.3	472.2	282.2	171.1	83.6	68.5	64.9	60.6	55.1
75	699.7	700	563.3	291.7	186.5	88.2	77.4	76.2	75.5	75.3
82	665.4	660.3	632.2	316.7	180.5	92.2	84.5	83.1	82.6	81.8
90	659.3	655.5	663.9	608.7	201.8	111.5	90.8	90.5	90.1	90.2

由表 8-1 可得图 8-37 曲线趋势图。

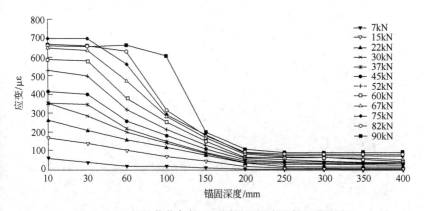

图 8-37 各级载荷条件下不同锚固深度处锚杆的应变

普通锚固模型不同级拉拔载荷下沿锚杆剪应力分布如表 8-2 和图 8-38 所示。

表 8-2 普通锚固模型不同级拉拔载荷下沿锚杆剪应力分布 （MPa）

载荷/kN	0mm	20mm	45mm	80mm	125mm	175mm	225mm	275mm	325mm	375mm
7	0.0000	0.9200	0.4800	0.0220	0.1488	0.1008	0.0032	0.0000	0.0112	0.0048
15	0.0000	1.2280	1.0000	0.6100	0.4160	0.4144	0.1824	0.0256	0.0096	0.0256
22	0.0000	2.1520	1.3653	0.8420	0.6288	0.6720	0.3296	0.0096	-0.0064	0.0016
30	0.0000	2.6160	2.2480	1.1960	0.8912	0.7760	0.1152	0.0224	0.0096	0.0064
37	0.0000	0.3200	3.4026	1.3920	0.9712	0.7088	0.1264	0.0960	0.0192	0.0176
45	0.0000	0.5320	3.8480	1.5340	1.1472	0.9008	0.1664	0.0480	0.0432	0.0752
52	0.0000	1.2120	4.7947	2.1280	1.3376	1.0848	0.1152	0.1728	0.0720	0.0224
60	0.0000	0.3440	5.2773	2.530	1.656	1.352	0.0192	0.0096	0.1680	0.1488
67	0.0000	0.5440	4.3760	3.8000	1.7776	1.4000	0.2416	0.0576	0.0688	0.0880
75	0.0000	-0.0120	3.6453	5.4320	1.6832	1.5728	0.1728	0.0192	0.0112	0.0032
82	0.0000	0.2040	0.7493	6.3100	2.1792	1.4128	0.1232	0.0224	0.008	0.0128
90	0.0000	0.1520	-0.2240	1.1040	6.5104	1.4448	0.3312	0.0048	0.0064	-0.0016

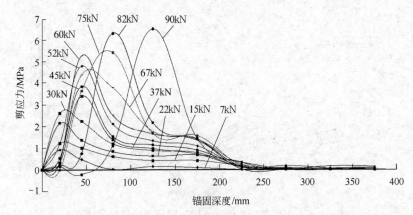

图 8-38　不同级拉拔载荷下剪应力沿锚杆分布汇总

由锚杆剪应力分布可知：在锚杆锚固端口附近出现应力集中，导致此处易出现塑性变形而影响锚固效果；而在锚固较深处，锚固段没有得到充分利用，其大部分区域始终处于较低的应力状态。

结合不同埋深的应变片，在拉拔分别为 45kN、67kN 和 90kN 时的应变情况分布如图 8-39~图 8-41 所示。

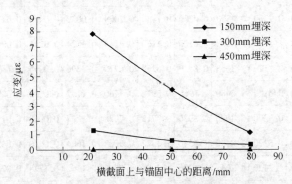

图 8-39　45kN 拉拔力下不同埋深测点的应变

由图 8-39~图 8-41 可知，不同埋深的应变测点测得的值与图 8-38 所描述的规律相同；另外对于距离锚固中心距离相同的测点，应变随着埋深的增加急剧减小，450mm 处的应变即使在较大拉拔力下也几乎为零。可见此种模型的拉拔应力传递效果并不理想。

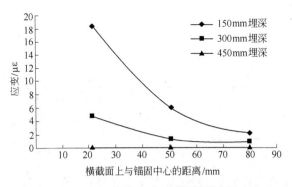

图 8 - 40 67kN 拉拔力下不同埋深测点的应变

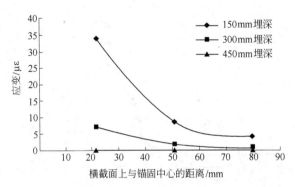

图 8 - 41 90kN 拉拔力下不同埋深测点的应变

8.1.4.2 Ⅱ类模型的测试结果及分析

同理，对于水力高压劈裂模型，其锚杆上的应变片编号与上述类型模型相同。以Ⅱ - 1 为例依照上文所述方法，可得到不同加载载荷下剪应力沿锚杆的分布，如表 8 - 3 所示。

表 8 - 3　水力劈裂锚固模型不同级拉拔载荷下沿锚杆剪应力分布（MPa）

载荷/kN	0mm	20mm	45mm	80mm	125mm	175mm	225mm	275mm	325mm	375mm
7	0.0000	0.4738	0.8508	1.3152	0.5688	0.1897	0.0599	0.0867	0.0692	0.0281
15	0.0000	0.3417	0.1892	0.3020	0.3759	0.4191	1.8449	0.2640	0.0122	0.1110
22	0.0000	0.1098	0.1297	0.0918	0.2190	0.3401	2.4172	0.5863	0.0149	0.1134

续表 8 – 3

载荷/kN	0mm	20mm	45mm	80mm	125mm	175mm	225mm	275mm	325mm	375mm
30	0.0000	-0.0464	0.1898	0.1352	0.0417	0.3377	2.8497	0.6543	0.0063	0.0600
37	0.0000	0.2594	0.3916	0.2491	0.2840	0.4786	3.2719	0.7651	-0.0274	0.0397
45	0.0000	0.3304	0.3575	0.3915	0.0303	0.5757	3.4004	1.5244	-0.0336	0.0169
52	0.0000	0.1955	0.4010	0.7325	0.2151	0.1723	3.8777	2.6594	0.6738	0.0690

依照表 8 – 3 可得不同拉拔力下剪应力分布图 8 – 42。

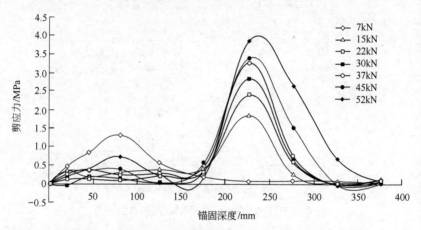

图 8 – 42　Ⅱ类模型剪应力峰值随锚杆拉拔载荷增加的移动曲线

可以看出此类模型的剪应力分布曲线相对原来的普通锚固体模型来说，基本特点均相同。

同样在不同的拉拔力下，模型内部埋深为 150mm 处的测点 L1A1、L1A2、L1A3 应变的绝对值如图 8 – 43 所示。

考虑不同埋深的应变片，得到在拉拔分别为 37kN、45kN 和 52kN 时的应变情况分布，如图 8 – 44 ~ 图 8 – 46 所示。

从图 8 – 44 ~ 图 8 – 46 可以看出，试验制作的此类型模型的应力在模型的内部传递曲线特点与普通锚固类型模型一致，并未产生实质改变。这是由于试验进行的高压注浆是在完整模型基体内完成的，如所形成的锚固浆脉相对较为细小，没有经过多次高压注浆使裂缝

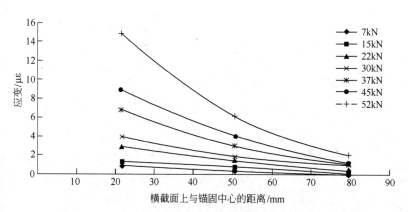

图 8 – 43 Ⅱ模型内部 150mm 处在不同拉拔力下的应变情况

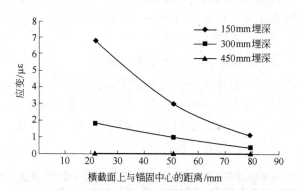

图 8 – 44 37kN 拉拔力下不同埋深测点的应变

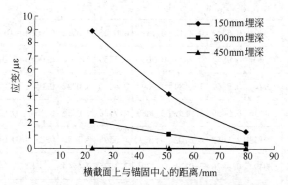

图 8 – 45 45kN 拉拔力下不同埋深测点的应变

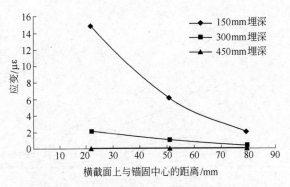

图 8-46 52kN 拉拔力下不同埋深测点的应变

得到充分的扩展而形成合适的浆脉。此外由于模型的完整性,其内部也没有可供压实和填充的空间,因此所形成的异形锚固体特征不明显,不足以对锚固特性产生影响。

8.1.4.3 Ⅲ类模型的测试结果及分析

对于不规则锚固体模型,其承受的最大拉拔力较高,锚杆应变片在比其他模型更大的拉拔力下亦可工作,对Ⅲ类模型在 13 种拉拔力下进行测试。以Ⅲ-1 为例依照上文所述方法,可得到不同加载载荷下剪应力沿锚杆的分布,如表 8-4 所示。

表 8-4 不规则锚固异形体模型不同级拉拔载荷下沿锚杆剪应力分布 (MPa)

载荷/kN	0mm	20mm	45mm	80mm	125mm	175mm	225mm	275mm	325mm	375mm
7	0.0000	0.6804	0.5423	0.2212	0.1315	0.0706	0.0012	0.0008	-0.0007	0.0018
15	0.0000	0.7304	0.9842	0.7884	0.3056	0.2759	0.0046	0.0085	0.0129	0.0093
22	0.0000	0.9746	0.9867	1.7184	0.6097	0.4350	0.0242	0.0508	0.0166	0.0084
30	0.0000	1.1136	0.9439	3.0597	0.9089	0.7788	0.0536	0.1047	0.0269	0.0452
37	0.0000	1.0158	2.5057	4.6702	1.627	1.5555	0.1472	0.2324	0.0436	0.0242
45	0.0000	1.0494	0.9826	3.9171	2.4305	2.1525	0.6644	0.4581	0.0424	0.0524
52	0.0000	0.9060	0.6742	4.3289	2.9139	2.7415	1.5138	0.4317	0.0933	0.0481

续表 8 - 4

载荷/kN	0mm	20mm	45mm	80mm	125mm	175mm	225mm	275mm	325mm	375mm
60	0.0000	0.9261	1.1681	4.1231	3.2133	3.0289	2.1067	0.8102	0.0971	0.0453
67	0.0000	0.5268	0.5086	3.0676	3.8702	3.6208	2.4605	1.5501	0.2758	0.0369
75	0.0000	0.8462	0.5527	2.5682	4.1636	4.1059	2.8413	2.0194	0.4663	0.3985
82	0.0000	1.0862	0.7862	1.3870	3.9513	4.3365	3.2968	2.5771	0.7966	0.4371
90	0.0000	1.2091	0.8369	1.9104	3.0824	3.9616	4.2530	3.4558	1.4575	0.6540
97	0.0000	0.7554	1.4526	2.7145	3.64229	3.8086	3.7659	3.8042	1.8687	0.9854

依照表 8 - 4 可得其在不同拉拔力下剪应力分布，如图 8 - 47 所示。

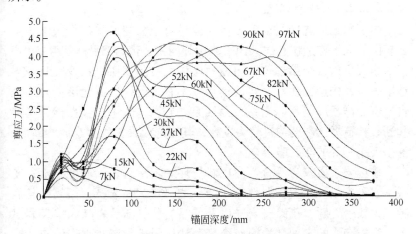

图 8 - 47　Ⅲ类模型剪应力峰值随锚杆拉拔载荷增加的移动曲线

在复合锚固桩技术投入现场实验和应用前，通过相似模拟的方法，在实验室内制作模拟的围岩模型。分别在两个相似模型中打入普通锚杆和复合式锚杆，然后利用电子压力试验机分别对实验模型施加压力，通过应变测试仪采集相关数据，得到施压过程中锚杆、围岩的应变应力分布规律。通过对比分析，得出复合锚固桩适用于软岩地层的结论。

8.2 分层多次高压注浆现场试验

8.2.1 现场试验目的

一般边坡治理工程多采用单次注浆预应力锚固技术,即钻孔后只注一次浆液。为了研究分层多次高压注浆预应力锚固技术相对于普通单次注浆预应力锚固技术的优点,分析该技术的锚杆应力分布状态,探究该技术在破碎岩体边坡的应用效果,在首云铁矿104洞口处进行分层多次高压注浆预应力锚固现场试验。分层多次高压注浆锚固技术是注浆技术和锚固技术的结合,所以现场试验的过程是注浆过程与锚固过程的复合。

8.2.2 现场试验条件

8.2.2.1 地质构造

本试验场地选择北京首云矿业股份有限公司的采矿场边坡。首云矿区的大地构造位置属天山—阴山纬向构造带与祁吕—贺兰"山"字形东翼反射弧交接部位,出露地层以太古界变质岩系及震旦亚界地层为主,构造变动及岩浆活动均较发育。矿区出露地层主要为太古界密云群沙厂组片麻岩系及第四系。矿区构造主要包括褶皱构造和断裂构造。其断裂构造较为发育,其中规模最大的为小庙沟断层,许多大小不等的断层遍布全区。

矿区岩浆岩较为发育,沙厂斜长环斑花岗岩侵入矿区北部,矿区脉岩种类较多,主要有辉绿(玢)岩脉、闪长岩脉、微晶闪长岩脉、闪长玢岩脉、花岗斑岩脉以及伟晶岩脉、细晶岩脉和煌斑岩脉等。纵横交错的多种脉岩遍布全区,沙厂斜长环斑花岗岩体与片麻岩接触线呈锯齿状,接触面总体倾向南,倾角65°~73°,接触变质不明显。

8.2.2.2 水文地质状况

首云矿区属低山丘陵,最高海拔高程320m,相对标高200m,多年平均降雨量760mm,年蒸发量1050mm,属干旱半干旱气候,北部小清河自东向西流入潮河。矿区地下水主要补给来源是大气降雨,地下水位变化幅度9m左右。小庙沟断层承压含水带补给来源,除受东部高山区地下径流补给外，还受当地降雨的补给。矿区含水层主要为第四系坡洪积孔隙潜水、第四系冲洪积孔隙潜水及承压水；前震旦系片麻岩裂隙潜水及承压水等。

8.2.2.3 地质矿岩物理力学性质

参考矿山的资料，岩石物理力学性质参数详见表 8-5。

表 8-5　岩石物理力学性质

岩石名称	容重 γ /kN·m^{-3}	抗压强度 σ_c/MPa	内聚力 C /MPa	内摩擦角 φ/(°)	弹性模量 E /10^4MPa	泊松比 μ
角闪斜长片麻岩	27.5	129.8	25.35	39.29	7.52	0.32
磁铁石英岩	36.4	165.5	25.0	40.0	6.48	0.2

从岩体变形特征来看，已经形成的露天边坡岩体受风化、地下水及岩体流变性等因素的影响，在此条件下若进行地下开采，边坡岩体内部的平衡关系将受到破坏，应力场将产生变化，岩体将再次产生移动与变形。岩体的破坏来自于地下采动引起的变形和边坡岩体变形。因为岩石破碎符合试验要求，故选择 104 洞口为试验场地，如图 8-48 所示。

图 8-48　试验边坡

8.2.3　现场试验方案

8.2.3.1　试验仪器与设备

试验所需要的仪器与器材如表 8-6 所示。

表 8 – 6　试验仪器及器材

设备项目	数量	参　数　特　征
钻机 ZSY – 90	1 台	使用成都钻神岩土设备制造有限公司生产的钻神 ZSY – 90 型全液压锚固钻机。钻凿岩石在普氏硬度系数 $f = 6 \sim 15$ 范围内能获得理想的凿岩速度。使用 105mm 直径钎杆头，配备 CIR110 型冲击器，动力头输出转速为 30r/min
小型手钻	1 台	
XH – 50T 型锚杆拉拔计	1 台	使用北京天地星火科技发展公司生产的 XH – 50T 型锚杆拉拔计，可提供分级载荷，直接读取锚杆拉力值，最大测试拉拔力为 50t
QZB – 60 型气动注浆泵	1 台	采用徐州市雷鸣液压机电制造有限公司生产的 QZB – 60 型气动注浆泵，额定压力为 6MPa，额定排量 60L/min
空压机	1 台	采用石家庄北方压缩机有限公司生产的开山牌 LGBY – 13/8 电动移动螺杆空气压缩机，排气压力：0.8MPa；排气量：13/min；电机功率范围：75kW。为 QZB – 60 型气动注浆泵提供动力
水泵	1 台	钻孔过程中提供高压水，进行洗孔；为水泥浆液搅拌提供用水
锚杆	4 根	主要形状为带螺纹的钢筋
注浆软管、风管、水管	若干米（按需）	无
胶带、电线（数据线）、胶水（704 胶和 502 胶水）、小型工具（钳子、改锥、剪刀）、应变片、水泥	若干（按需）	无

8.2.3.2　试验水泥浆液配比设计

水泥是一种比较常见的注浆材料，工程中比较常用的普通硅酸盐水泥与其他同类产品相比，具有早期强度高、凝结时间早等优点，而且其抗冻结性能优于其他矿渣水泥，泌水率小。试验针对的是破碎程度比较大的岩质边坡，岩体本身具有较多孔隙，裂隙极其发育，故硅酸盐水泥颗粒较大、在微小岩缝中注入性差的缺点可以通过合适的配比调节相对弱化。试验选择用最大抗压强度为 42.5MPa 的普通硅酸盐水泥。

根据相关资料，水泥与水混合形成水泥浆液的性能如表 8 - 7 所示。

表 8 - 7　水泥性能测试

水灰比	黏度/Pa·s	结实率/%	密度/g·m⁻³	抗压强度/MPa	
				3d	6d
0.5:1	135	98	1.86	3.94	19.46
0.75:1	38	97	1.62	2.12	10.24
1.0:1	20	87	1.48	1.72	7.82
1.25:1	18	68	1.41	1.68	2.24
1.5:1	17	58	1.35	1.63	2.03
2.0:1	16	53	1.26	1.34	1.86

根据表 8 - 7 可以看出，随着浆液水灰比的不断增大，浆液的黏度和密度不断减小，而且在其水灰比较小时，下降速率比较明显；同时浆液的结实率和抗压强度也在大幅减少，直到达到一定比例后，黏度下降速率减缓，最终逐渐保持稳定。

综合考虑试验边坡的岩石特点以及水力劈裂的要求，同时考虑注浆泵的性能状况，最终决定，普通注浆及分层多次高压注浆的首次注浆水灰比为 1:1，而分层多次高压注浆非首次注浆的水灰比均选择为 0.75:1。

8.2.3.3　试验注浆压力设计

注浆是该试验的重要组成部分，注浆的能量来源是注浆压力。在注浆的过程中，注浆压力较高有助于将浆液更好地压入地层，同时加速水泥浆液中水分的析出，最终提高结实率；但是，注浆压力过高将带来地表抬动和岩层破坏的后果，同时也造成浆液流失，增加成本。因此，需要设计一个比较合理的注浆压力，在初次注浆以及后续注浆中以此压力为标尺，适当调节压力参数。

目前还没有专门的计算公式来计算岩层最大容许注浆压力，通过查阅相关资料，参照类似工程经验，得出最大注浆容许压力经验公式如下。

$$p = m_1 m_2 D + p_0 \qquad (8-1)$$

式中　p_0——容许注浆压力初值，$10^5 Pa$；

　　　m_2——注浆次序系数，$10^6 Pa/m$，第一、二、三、四次注浆的 m_2 分别选择 1、$1 \sim 1.25$、$1.25 \sim 1.5$、1.5；

　　　m_1——注浆方法系数，$10^5 Pa/m$；

　　　D——注浆段平均埋深，m。

p_0 及 m_1 可由表 8-8 查得。

表 8-8　注浆压力经验参数

岩　性	$p_0/10^5 Pa$	$m_1/10^5 Pa \cdot m^{-1}$	
		自上而下	自下而上
裂隙细小且少，结构密实的岩石	1.5 ~ 3.0	2.0	1.0 ~ 1.2
弱风化裂隙岩石，无大裂隙但有层理的沉积岩	0.5 ~ 1.5	1.0	0.5 ~ 0.6
严重风化裂隙岩石、有近层状的沉积岩	0.25 ~ 0.5	0.5	0.2 ~ 0.3

根据上文中地层地质条件介绍，现场实验边坡处于风化严重、节理发育的破碎岩体区域。根据首云铁矿先前类似项目的稳定性分析及坡面钻孔取芯报告，同时结合试验的锚固要求，最终将孔深确定为 8m。在不同的注浆过程，将相应的 m_1、m_2 取区间平均值代入式（8-1），得出注浆最大设计压力如表 8-9 所示。

表 8-9　注浆最大设计压力

注浆过程	m_1	m_2	$p_0/10^5 Pa$	D	$p/10^5 Pa$
普通单次常压注浆	0.35	1	0.3	8	1.12
普通单次高压注浆	0.35	1	0.4	8	1.82
分层多次高压注浆第一次注浆	0.35	1	0.4	8	1.82
分层多次高压注浆第二次注浆	0.65	1.08	1	2	2.4
分层多次高压注浆第三次注浆	0.9	1.38	1.25	2	3.1
分层多次高压注浆第四次注浆	1.2	1.5	1.6	2	4.76

第一次注浆对象为破碎岩体，第一次注浆完毕，浆液填充到岩体裂隙与孔隙之间，形成结石体，从而增加其致密性，最终增强结构。此时可以将岩体与浆液的结合体看做结构密实的岩石；同时由于注浆点的位置移动及需要的扩散范围，其实际注浆长度变短，所以容许的注浆压力初值和孔深 D 如表 8-9 所示发生变化。表 8-9 中所得的注浆压力 p 为现场操作时的最大容许注浆压力，在实际操作过程中，一般刚开始取小于最大注浆压力 0.5MPa 进行操作，逐渐将压力提高至最高值。

8.2.3.4 试验注浆半径设计

根据上文介绍的工程地质条件，首云铁矿 104 洞口边坡为层状岩石边坡，水泥浆进入岩体裂隙后会沿着层理面之间的裂隙进行扩散。故确定其浆液在地层的扩散半径 R，有助于确定注浆孔距和排距的布置。

水泥浆液在岩石内部的扩散流动规律满足 Navier-Stokes 方程：

$$\frac{\partial u}{\partial t} + u\frac{\partial u}{\partial x} = f_x - \frac{1}{\rho}\frac{\partial p}{\partial x} + \frac{1}{\rho}\frac{\partial \tau}{\partial y} \qquad (8-2)$$

式中 u——流速；

       ρ——水泥浆密度；

       f_x——质量力；

       τ——切应力；

       p——注浆压力。

假设黏度不随时间变化，将式（8-2）转化为极坐标，得出浆液的流速如下：

$$v = \left[1 - \frac{3}{2}\left(\frac{y_0}{h}\right) + \frac{1}{2}\left(\frac{y_0}{h}\right)^3\right]n_s\frac{dp}{dr}\frac{h^2}{3\mu} \qquad (8-3)$$

式中 v——流速；

       y_0——流核区高度，当 $y = y_0$ 时，$\tau = \tau_0$，$h = b/2$；

       n_s——岩体裂隙率。

根据岩体裂隙率的定义，岩体的裂隙率为裂隙所占体积与岩体总体积的比值，即：

$$n_s = \frac{V_s}{V_c} = \frac{\pi r^2 b}{\pi r^2 H} = \frac{2h}{H} \qquad (8-4)$$

对 p、r 积分，$p = p_c \sim p$、$r = r_c \sim R$，得出浆液压力分布：

$$p = p_c - \frac{6QH\eta}{\pi h^4} \frac{1}{1 - \frac{3}{2}\left(\frac{y_0}{h}\right) + \frac{1}{2}\left(\frac{y_0}{h}\right)^3} \ln \frac{R}{r_c} \qquad (8-5)$$

$$Q = \frac{\pi b^4 \Delta \rho}{6H\eta} \frac{1}{\ln \frac{R}{r_c}} \left[1 - \frac{3}{2}\left(\frac{y_0}{h}\right) + \frac{1}{2}\left(\frac{y_0}{h}\right)^3\right] \qquad (8-6)$$

取 $p = 0$ 得

$$p_c = \frac{6Q\eta}{\pi b^4} \frac{1}{\ln \frac{R}{r_c}} \frac{1}{1 - \frac{3}{2}\left(\frac{y_0}{h}\right) + \frac{1}{2}\left(\frac{y_0}{h}\right)^3} \qquad (8-7)$$

将 $Q = 2\pi r \mathrm{d}r \mathrm{d}b/\mathrm{d}t$ 代入式（8-7），得

$$2\pi r \frac{\mathrm{d}r}{\mathrm{d}t} = \frac{\pi b^3 p_c}{6H\mu} \frac{1}{\ln \frac{R}{r_c}} \left[1 - \frac{3}{2}\left(\frac{y_0}{h}\right) + \frac{1}{2}\left(\frac{y_0}{h}\right)^3\right] \qquad (8-8)$$

对 t、r 积分，$t = 0 \sim T$，$r = r_c \sim R$，得

$$\int_{r_c}^{R} \ln \frac{R}{r_c} r \mathrm{d}r = \int_{0}^{T} \frac{b^3 p_c}{12H\mu} \left[1 - \frac{3}{2}\left(\frac{y_0}{h}\right) + \frac{1}{2}\left(\frac{y_0}{h}\right)^3\right] \mathrm{d}t \qquad (8-9)$$

解得

$$\int_{r_c}^{R} \ln \frac{R}{r_c} r \mathrm{d}r = \left[1 - \frac{3}{2}\left(\frac{y_0}{h}\right) + \frac{1}{2}\left(\frac{y_0}{h}\right)^3\right] \frac{b^3 p_c T}{6H\mu} \qquad (8-10)$$

令 $B^2 = (R^2 - r_c^2)\ln\left(\frac{R}{r_c}\right)$，$K = 1 - \frac{3}{2}\left(\frac{y_0}{h}\right) + \frac{1}{2}\left(\frac{y_0}{h}\right)^3$，得

$$B^2 = \frac{b^3 p_c T K}{6H\mu} \qquad (8-11)$$

由于注浆孔半径 r_c 一般很小，将其取为渗透半径的 0.02 倍，算得 $B = 2.237$，从而

$$R = 0.178b \sqrt{\frac{b p_c T K}{H\mu}} \qquad (8-12)$$

在分层多次高压注浆过程中，初次注浆后，在浆液凝固时对岩石裂隙产生了一定的填充作用，使得其致密性增加，浆液注入性减弱，第二次以后的注浆难以超越初次注浆，故工程上将初次注浆的

扩散半径作为最大扩散半径计算，以此指导注浆孔的布置。

根据式（8-12），结合试验现场岩石参数和工程经验，最终确定试验孔距设计为 1.5m。

8.2.4 现场试验过程

8.2.4.1 造孔

造孔是现场试验最为重要的一个环节，现场试验造孔过程如图 8-49~图8-51所示。

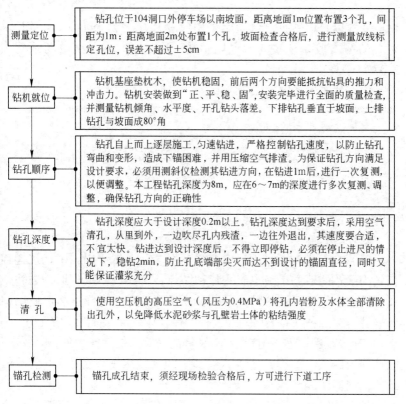

| 测量定位 | 钻孔位于104洞口外停车场以南坡面，距离地面1m位置布置3个孔，间距为1m；距离地面2m处布置1个孔。坡面检查合格后，进行测量放线标定孔位，误差不超过±5cm |

| 钻机就位 | 钻机基座垫枕木，使钻机稳固，前后两个方向要能抵抗钻具的推力和冲击力。钻机安装做到"正、平、稳、固"，安装完毕进行全面的质量检查，并测量钻机倾角、水平度、开孔钻头落差。下排钻孔垂直于坡面，上排钻孔与坡面成80°角 |

| 钻孔顺序 | 钻孔自上而上逐层施工，匀速钻进，严格控制钻孔速度，以防止钻孔弯曲和变形，造成下锚困难，并用压缩空气排渣。为保证钻孔方向满足设计要求，必须用测斜仪检测其钻进方向，在钻进1m后，进行一次复测，以便调整。本工程钻孔深度为8m，应在6~7m的深度进行多次复测、调整，确保钻孔方向的正确性 |

| 钻孔深度 | 钻孔深度应大于设计深度0.2m以上。钻孔深度达到要求后，采用空气清孔，从里到外，一边吹尽孔内残渣，一边往外退出，其速度要合适，不宜太快。钻进达到设计深度后，不得立即停钻，必须在停止进尺的情况下，稳钻2min，防止孔底端部尖灭而达不到设计的锚固直径，同时又能保证灌浆充分 |

| 清孔 | 使用空压机的高压空气（风压为0.4MPa）将孔内岩粉及水体全部清除出孔外，以免降低水泥砂浆与孔壁岩土体的粘结强度 |

| 锚孔检测 | 锚孔成孔结束，须经现场检验合格后，方可进行下道工序 |

图 8-49 造孔工艺过程

8.2.4.2 应变片处理

为了测试在拉拔试验中锚杆上的剪应力变化特点，在锚杆上粘

图 8-50　造孔　　　　　　　图 8-51　最终成孔效果

贴应变片以获取数据。试验所采用应变片规格为 5mm×3mm（长×宽）的箔式胶基应变片，电阻值为 120Ω±0.1Ω，灵敏度系数为 2.07±0.1%。

应变片布置如图 8-52 所示。

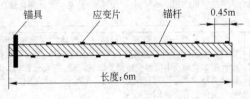

图 8-52　应变片布置

处理步骤如下：

（1）锚杆粘贴点处理：应变片双面交叉布置于锚杆上，选择锚杆较为平整的地方，确定应变片粘贴点。首先用砂纸打磨，去除杂质与铁锈，直到保证粘贴点平整、光滑、有金属光泽；然后使用棉棒蘸酒精清洗粘贴点表面，最大程度保证应变片与锚杆接触充分。

（2）应变片粘贴：首先在打磨好的粘贴点处涂抹少量 502 胶水，涂抹均匀后风干 2~3s；然后将应变片迅速地压按在涂抹 520 胶水的地方，用棉棒轻轻压牢，风干 5~6s；而后再次涂抹适量的 502 胶水，将整个应变片覆盖，风干 30s 直到其凝固；最后待应变片粘牢后，使用南大 704 号硅橡胶将应变片涂抹覆盖住。经过上述处理，可以有效防止应变片受潮、老化和损坏。应变片粘贴如图 8-53 所示。

（3）应变片接线：将粘贴好的应变片与数据线连接，接头处用电工胶带保护。整理线路，将锚杆放置于阴凉处。最终经过应变片处理后的锚杆如图 8-54 所示。

图 8-53　应变片粘贴　　　图 8-54　经过应变片处理后的锚杆

8.2.4.3　注浆

A　普通常压单次注浆试验

（1）注浆管处理：注浆管取直径为 25mm 的绿色塑料软管，透气管为直径为 10mm 的白色塑料硬管。将注浆管、气管和锚杆用胶带绑紧，注浆管口与锚杆下端齐平，气管管口位于锚杆中上部。在锚杆顶部，用白色棉布将注浆管、气管和锚杆缠紧，直至其包裹体直径大致与注浆孔直径相同，该包裹体将在注浆过程中吸收浆液膨胀后起到封孔的作用。

（2）注浆泵组装与浆液的调配：将注浆机组装完毕，接空压机高压空气提供动力，水管接水车水泵，出浆口接绿色注浆管。将水泥按照需要的水灰比在搅拌池内搅拌调匀，直至不出现气泡和灰块为止。

（3）注浆：将锚杆、注浆管和气管一起插入注浆孔内，并用力塞实，保证注浆孔封孔严密，在操作过程中要注意保护数据线与应变片；待锚杆安放完毕后，首先开启空压机，然后开启注浆泵，首先向注浆孔内注入适量清水，以排除注浆管与孔内空气，然后以 0.82~1.12MPa 的压力向孔内注入配比为 1:1 的水泥浆液，当发现气管中有浆液流出或者岩石表面跑浆时停止注浆，记录浆液的注入量和注浆时间。其浆脉走向如图 8 – 55 所示。

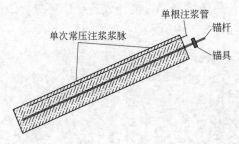

图 8 – 55　普通单次常压注浆浆脉走向

（4）后处理：将注浆管拆下，且端口对折，用布条绑紧防止漏出浆液，如图 8 – 56 所示。

图 8 – 56　普通常压单次注浆终孔

B　普通高压单次注浆试验

操作过程与普通常压单次注浆相同，只是注浆压力为 1.52 ~ 1.82MPa，其浆液走向如图 8 – 57 所示，终孔如图 8 – 58 所示。

C　分层高压两次注浆试验

（1）注浆管处理：处理方法与普通单次高压注浆相同，只是注浆管要插入两根，一根端口与锚杆底端齐平，另一个端口位于锚杆中部，气管的端口位于锚杆的上部；绑紧后封孔。

（2）注浆泵组装与浆液的调配：同普通单次高压注浆相同。

（3）注浆：注浆泵接较长的注浆管，将锚杆、注浆管和气管一

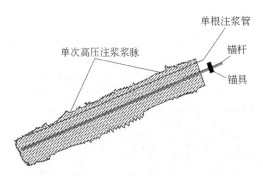

图 8 - 57 普通单次高压注浆浆脉走向

图 8 - 58 普通高压单次注浆终孔

起插入注浆孔内，并用力塞实，保证注浆孔封孔严密，在操作过程中要注意保护数据线与应变片；待锚杆安放完毕后，首先开启空压机，然后开启注浆泵，首先向注浆孔内注入适量清水，以排除注浆管与孔内空气；然后以 1.52 ~ 1.82MPa 的压力向孔内注入配比为1:1的水泥浆液，当发现气管中有浆液流出或者岩石表面跑浆时停止注浆，记录浆液的注入量和注浆时间；待浆液凝固 18h 后，接第二根注浆管，以 2.1 ~ 2.4MPa 的压力向孔内注入水泥浆液，浆液配比为0.75:1，待孔口或者岩石表面发现跑浆时，停止注浆，记录浆液的注入量和注浆时间。其浆脉走向如图 8 - 59 所示，终孔如图 8 - 60所示。

（4）后处理：与普通高压单次注浆相同。

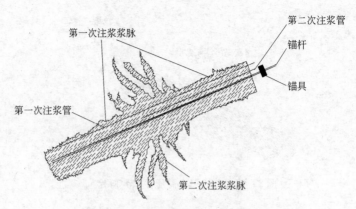

图 8 – 59　分层高压两次注浆浆脉走向

图 8 – 60　分层高压两次注浆终孔

D　分层高压四次注浆试验

（1）注浆管处理：处理方法与普通单次高压注浆相同，只是注浆管要插入 4 根，第一根端口与锚杆底端齐平，第二根与第一根相同，第三根端口位于锚杆上部，第四根端口位于锚杆中部，气管的端口位于锚杆的上部；绑紧后封孔。

（2）注浆泵组装与浆液的调配：同普通单次高压注浆相同。

（3）注浆：注浆泵接第一根注浆管，将锚杆、注浆管和气管一起插入注浆孔内，并用力塞实，保证注浆孔封孔严密，在操作过程中要注意保护数据线与应变片；待锚杆安放完毕后，首先开启空压机，然后开启注浆泵，首先向注浆孔内注入适量清水，以排除注浆管与孔内空气；然后以 1.52～1.82MPa 的压力向注浆孔内注入配比为 1:1 的水泥浆液，直至气管出浆即停止操作；待初凝 18h 后，注浆泵接第二根注浆管，以 2.1～2.4MPa 的压力注入配比为 0.75:1 的水泥浆液；凝结 12h 后，注浆泵接第三根注浆管，以 2.8～3.1MPa 压力注入配比为 0.75:1 的水泥浆液，注浆量较少，以岩石表面出现跑浆即停；凝结 8h 后，以 4.46～4.76MPa 的最大注浆压力注入配比为 0.75:1 的水泥浆液，直至出现跑浆。记录各次注浆量和注浆时间。其浆脉走向如图 8-61 所示，终孔如图 8-62 所示。

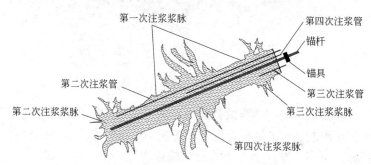

图 8-61　分层高压四次注浆浆脉走向

图 8-62　分层高压四次注浆终孔

8.2.4.4　拉拔试验

注浆试验完成，养护 18d 后，进行拉拔应力测试。试验采用北京天地星火科技发展有限公司生产的 ZY - 50T 型锚杆拉拔计（见图8 - 63），最大拉拔力 50t，显示仪分辨率 0.1kN，仪器测试误差≤1%。

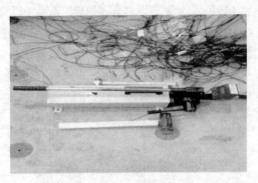

图 8 - 63　锚杆拉拔计

试验测试采用三洋测试公司生产的 YSV 型信号采集仪，该信号仪可记录瞬时的应变数据，应变片按照 1/4 桥的方式连接到仪器上。锚固方法不同，锚杆能承受的最大拉拔力也不同。将拉拔计连接完毕后，启动信号仪，然后加压拉拔，每当拉拔力增加 15kN 时，标记一次，直到锚固破坏即停止。拉拔试验现场如图 8 - 64、图 8 - 65 所示。

图 8 - 64　拉拔现场（1）　　　　图 8 - 65　拉拔现场（2）

8.2.5 现场试验数据分析

经过普通单次常压注浆、普通单次高压注浆、分层两次高压注浆、分层四次高压注浆四种注浆锚固技术处理后的锚杆，其能承受的最大拉拔力是不同的，各组锚杆在锚固破坏前能承受的最大拉拔力如表 8 - 10 所示。

表 8 - 10　最大拉拔力统计

锚固技术	普通单次常压注浆	普通单次高压注浆	分层两次高压注浆	分层四次高压注浆
最大拉拔力/kN	124.2	144.9	161.6	174.1

为分析全长粘结型锚杆上的应力分布规律，需要获得沿锚杆长度分布的应变值。本书通过记录各组锚杆在锚固破坏前拉拔力每升高 15kN 时的各监测点应变值，获得锚杆随着拉拔力的增大和时间的变化所受的应力变化情况。各组拉拔载荷加载情况如表 8 - 11 所示。

表 8 - 11　拉拔载荷加载

普通单次常压注浆型锚杆型拉拔载荷/kN	5	0	5	60	75	90	105	120	124	—	—	—
普通单次高压注浆型锚杆型拉拔载荷/kN	5	0	5	60	75	90	105	120	135	145	—	—
分层两次高压注浆型锚杆型拉拔载荷/kN	5	0	45	60	75	90	105	120	135	150	162	—
分层四次高压注浆型锚杆型拉拔载荷/kN	5	0	45	60	75	90	105	120	135	150	165	174

在应变片粘贴处理时，应变片的分布按照距离锚杆顶端的距离为 10cm、55cm、100cm、145cm、190cm、235cm、280cm、325cm、370cm、415cm、460cm、505cm、550cm、590cm 布置，将其分布编号为 P1、P2、P3、P4、P5、P6、P7、P8、P9、P10、P11、P12、P13、P14。

8.2.5.1　普通常压单次注浆

对于普通常压单次注浆试验的锚杆进行数据采集分析，各点在不同载荷下的应变（με）情况如表 8 - 12 所示（表头括号里表示应变片距离锚固体顶端的距离）。

表8－12　普通锚固体模型各级载荷条件下不同锚固深度处锚杆的应变（με）值

载荷 /kN	15	30	45	60	75	90	105	120	124
P1(10)	90.7	192.4	452.3	587.4	993.3	1323.3	1534.2	1834.4	1771.8
P2(55)	80.2	174.4	451.2	583.3	999.2	1398.2	1561.1	1801.3	1782.1
P3(100)	60.3	171.8	423.3	546.2	872.2	1290.1	1499.2	1768.5	1812.1
P4(145)	60.2	162.2	414.2	513.2	792.2	1102.2	1269.5	1481.5	1542.0
P5(190)	63.2	127.2	330.2	458.2	592.2	856.1	1064.8	1120.5	1263.9
P6(235)	10.1	30.2	201.2	321.2	345.2	502.1	787.2	789.6	1010
P7(280)	7.2	10.2	102.1	140.2	176.2	201.1	494.1	563.2	794.2
P8(325)	4.5	7.2	30.2	40.2	60.2	70.2	345.2	301.1	406.8
P9(370)	2.1	5.1	12.3	17.2	40.2	50.8	198	189	328
P10(415)	1.1	4.4	7.2	6.3	23.2	34.2	78.9	98	156
P11(460)	0.9	1.3	6.2	7.2	17.3	34	53	63	125.5
P12(505)	0.9	1.4	4.2	7.1	16.2	31.1	51.6	62	96.9
P13(550)	0.5	1	3.1	5.2	14.2	29.1	52	60.6	90
P14(595)	0.01	0.4	2.1	5.1	15.2	19.9	51	59.4	90.5

由表 8 - 12 可得趋势图 8 - 66。

锚杆上的轴力与应变值的关系如下：

$$N_j = EA\varepsilon_j \tag{8 - 13}$$

式中　N_j——第 j 点上的轴力；

　　　A——钢筋截面积；

　　　E——钢筋的弹性模量。

由式（8 - 13）可知，锚杆的轴力分布变化与应变值的变化是正相关的关系。

由图 8 - 66 可知，在不同载荷的拉拔力的加载条件下，锚杆上

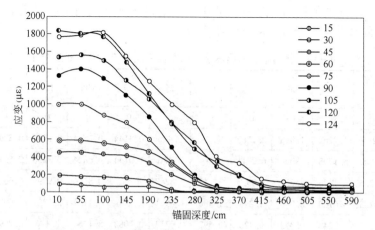

图 8 – 66　各级载荷条件下不同锚固深度处锚杆的应变

的应变由锚固端口开始逐渐向锚固深处递减；且锚杆上各点的应变值是随着拉拔力的增大而增大的。

在拉拔力作用下，锚固段应力作用由下面三个阶段组成：

（1）锚固体与围岩的界面处于完全弹性状态，此时接触界面上的剪应力尚未达到该界面的抗剪强度，无法发生相对滑动。

（2）锚固体与围岩的界面处于塑性软化状态，此时接触界面上的剪应力大于该界面的抗剪强度，发生相对滑动。

（3）当拉拔力载荷继续增加，锚固段端口出现了软化段，此时进入残余剪切阶段，弹性规律不再适用于锚固段外端，但是锚固段内部一定深度才处于弹性阶段，此处拉拔力继续向深部传递。这体现在应变趋势图中，当拉拔力大于 75kN 时，锚杆外端端口应变值出现短暂升高后在某一深度发生减少。

其机理如图 8 – 67 所示。

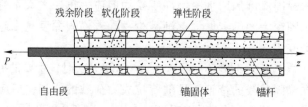

图 8 – 67　锚杆（索）锚固段作用机理

由应变值得出普通单次常压注浆下锚固体平均剪应力随着长度分布如表 8-13 和图 8-68 所示。

表 8-13 普通单次常压注浆下锚固体平均剪应力随着长度分布

载荷/kN	15	30	45	60	75	90	105	120	124
0	0	0	0	0	0	0	0	0	0
32.5	1.7262	1.998	2.1582	2.41	0.416	0.3144	0.2824	0.2256	0.3296
77.5	5.1708	5.928	6.2911	6.61	1.416	1.0144	0.6824	0.7256	0.5096
122.5	2.1423	2.652	3.0953	3.142	7.6288	4.572	0.8296	0.9096	0.6064
167.5	0.6708	0.916	1.248	1.396	1.8912	7.976	3.1152	2.7224	1.0096
212.5	0.3242	0.372	0.426	0.592	0.9712	0.7088	8.1264	8.196	8.2092
257.5	0.1122	0.132	0.148	0.234	0.6472	0.4008	3.1664	4.048	4.1432
322.5	0.0987	0.012	0.0947	0.328	0.3376	0.2848	0.5552	0.7728	0.872
347.5	0	0.144	0.1773	0.53	0.456	0.352	0.3192	0.2096	0.368
392.5	0.0122	0.544	0.076	0.321	0.3776	0.4	0.1416	0.0576	0.688
437.5	0.0022	0.012	0.1453	0.332	0.1832	0.1728	0.1728	0.0192	0.0112
482.5	0.0005	0.204	0.0493	0.11	0.1792	0.1128	0.1232	0.0224	0.008
527.5	0.0056	0.152	0.2242	0.204	0.5104	0.2448	0.3312	0.0048	0.0064
570	0.0001	0.036	0.1242	0.3423	0.3412	0.1243	0.2141	0.3121	0.2341

由图 8-68 可以看出，普通常压注浆全长粘结型锚杆上的剪切力分布有如下规律：

（1）某一拉拔力下，锚杆上的应力分布如图 8-69 所示。在锚固深度为 0 时，锚杆上的剪应力为 0，这符合微元剪应力互等原理；在拉拔力不是很大的时候，在锚固较浅处锚杆所受的剪应力较小，但是随着锚固深度的增加，锚杆所受的剪应力迅速增大至峰值，然后随着锚固深度的继续增加逐渐减少，随着锚固深度越来越大，剪应力逐渐变为 0。

（2）在拉拔力荷载不是很大（小于 60kN）时，主要的剪应力分布集中在锚固较浅的位置，且随着拉拔力荷载的增加，剪应力只是峰值会增加，其分布形态大体不发生变化，如图 8-70 所示。

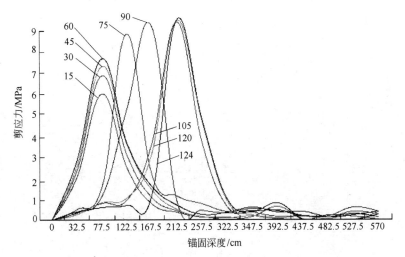

图 8 - 68 普通单次常压注浆下锚固体平均剪应力随着长度变化曲线

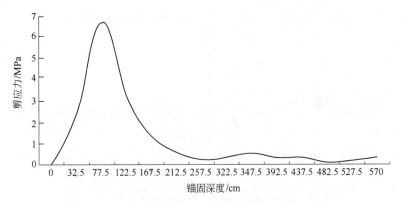

图 8 - 69 60kN 拉拔力平均剪应力随锚固深度变化曲线

（3）当拉拔力载荷继续增加（大于60kN），剪应力峰值逐渐向锚固深处移动，分布区域随之增大，此时剪应力的最大值增大不大，如图 8 - 71 所示，这一特征是由于锚固体与围岩界面发生塑性滑移所致，即上文所论述的第三个阶段。

8.2.5.2 普通单次高压注浆

同理得出普通单次高压注浆下锚固体平均剪应力随着长度分布，如表 8 - 14 和图 8 - 72 所示。

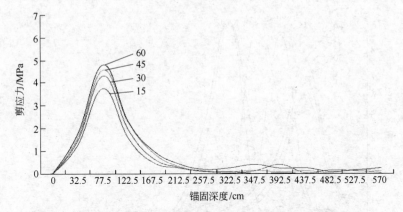

图 8-70　拉拔力小于 60kN 时平均剪应力随锚固深度变化曲线

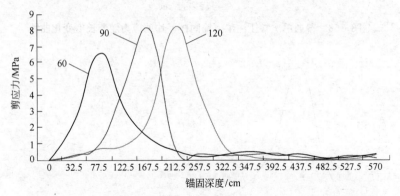

图 8-71　拉拔力大于 60kN 时平均剪应力随锚固深度变化曲线

表 8-14　普通单次高压注浆下锚固体平均剪应力随着长度分布

载荷/kN	15	30	45	60	75	90	105	120	124	135	145
0	0	0	0	0	0	0	0	0	0	0	0
32.5	1.262	1.398	1.518	2.041	2.419	2.63	1.44	1.267	1.36	1.01	1.262
77.5	4.170	4.292	4.49	4.761	4.91	5.14	2.91	1.7	1.503	1.238	4.170
122.5	5.518	5.753	6.163	6.542	6.988	7.69	6.29	3.696	3.04	2.983	5.518
167.5	2.910	3.097	3.23	3.393	3.591	3.3	7.94	6.94	4.08	3.234	2.910
212.5	2.642	2.372	2.467	2.592	2.936	2.81	4.48	8.596	6.2	4.579	2.642
257.5	1.545	1.182	1.148	1.24	1.622	1.3	4.13	5.864	8.617	5.963	1.545

载荷/kN	15	30	45	60	75	90	105	120	124	135	145
322.5	0.987	0.991	0.794	0.39	0.330	0.28	2.29	3.78	5.872	9.001	0.987
347.5	0.342	0.243	0.107	0.015	0.046	0.12	0.32	2.207	3.368	6.131	0.342
392.5	0.016	0.054	0.076	0.031	0.366	0.09	0.07	0.9	2.672	3.791	0.016
437.5	0.002	0.012	0.045	0.032	0.032	0.12	0.18	0.022	0.512	0.124	0.002
482.5	0.000	0.04	0.03	0.010	0.092	0.14	0.18	0.034	0.043	0.235	0.000
527.5	0.015	0.175	0.242	0.284	0.054	0.04	0.08	0.007	0.023	0.049	0.015
570	0	0.003	0.012	0.043	0.04	0.03	0.03	0.01	0.003	0.003	0.006

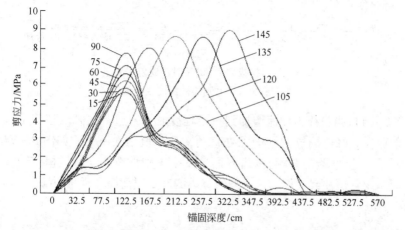

图 8 - 72　普通单次高压注浆下锚固体平均剪应力随着长度变化曲线

根据图 8 - 72 可以得出如下几点规律：

（1）在不同的拉拔力下，锚杆上的应力分布和普通单次常压注浆的锚杆应力分布总体一致。在锚固深度为 0 时，锚杆上的剪应力为 0，随着锚固深度的增加，锚杆所受的剪应力迅速增大至峰值，然后随着锚固深度的继续增加而逐渐减少，随着锚固深度越来越大，剪应力逐渐变为 0。

（2）普通单次高压注浆锚杆的剪应力峰值与在同样的拉拔力下的普通单次常压注浆的锚杆的剪应力峰值相比，略有提高，但是提高的幅度不大。

（3）相比普通单次常压注浆的锚杆的剪应力分布，普通单次高压注浆锚杆的剪应力分布的范围更大，剪应力分布更加均匀，如图 8-73 所示。

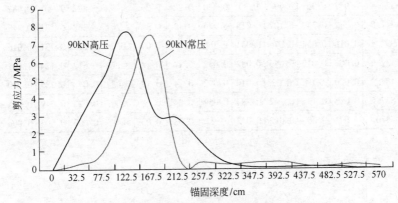

图 8-73　拉拔力为 90kN 时普通单次高压与
常压平均剪应力随锚固深度变化曲线

（4）当拉拔力载荷增加到一定程度时，普通单次高压注浆锚杆的剪应力峰值同样向锚固深处移动，且峰值增大不大，如图 8-74 所示。这说明锚固体与围岩界面也发生了塑性滑移，但是相对于普通单次常压注浆锚杆，这一峰值移动的起始载荷提升至 90kN。

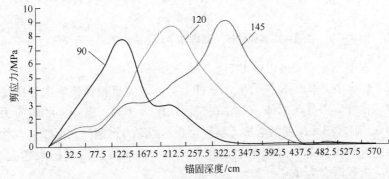

图 8-74　拉拔力大于 90kN 时平均剪应力随锚固深度变化曲线

8.2.5.3　分层两次高压注浆

同理得出分层两次高压注浆下锚固体平均剪应力随着长度的分布如表 8-15 及图 8-75 所示。

表 8 - 15　分层两次高压注浆下锚固体平均剪应力随着长度分布

载荷/kN	15	30	45	60	75	90	105	120	135	150	162
0	0	0	0	0	0	0	0	0	0	0	0
32.5	1.94	1.730	1.984	2.588	2.905	2.27	1.004	1.008	0.512	0.493	0.35
77.5	4.48	4.974	5.286	5.718	6.609	6.435	2.024	1.850	1.416	1.008	1.01
122.5	5.13	5.513	5.943	6.359	6.908	7.478	6.053	3.104	2.026	2.045	1.90
167.5	2.29	2.58	2.905	3.670	4.627	5.555	7.547	5.232	4.043	4.024	3.91
212.5	1.32	1.349	1.982	2.917	3.430	4.152	7.964	8.458	5.042	5.052	4.92
257.5	1.07	0.906	1.774	2.328	3.413	3.741	4.513	8.831	7.993	7.748	7.91
322.5	0.31	0.526	0.968	2.123	3.413	3.928	4.406	4.810	9.397	8.945	9.71
347.5	0.18	0.326	0.808	2.067	2.870	3.020	3.460	4.550	4.675	9.936	10.5
392.5	0.10	0.246	0.352	1.068	1.163	2.105	2.841	3.019	3.466	4.398	4.45
437.5	0.03	0.286	0.22	0.387	0.951	1.336	1.296	1.577	1.796	1.437	1.59
482.5	0.04	0.209	0.136	0.104	0.082	0.161	0.253	0.455	0.457	0.654	0.87
527.5	0.01	0.155	0.052	0.014	0.029	0.108	0.165	0.304	0.368	0.285	0.29
570	0.01	0.003	0.012	0.043	0.04	0.036	0.036	0.01	0.003	0.003	0.02

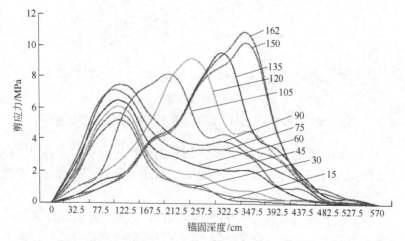

图 8 - 75　分层两次高压注浆下锚固体平均剪应力随着长度变化曲线

根据图 8 - 75 可以得出如下几点规律：

（1）在不同的拉拔力下，分层两次高压注浆锚杆上的应力分布趋势和前述分析相同。在锚固深度为 0 时，锚杆上的剪应力为 0，随着锚固深度的增加，锚杆所受的剪应力迅速增大至峰值，然后随着锚固深度的继续增加逐渐减少，随着锚固深度越来越大，剪应力逐渐变为 0。

（2）分层两次高压注浆锚杆的剪应力峰值略有提高，但是提高的幅度不大。

（3）分层两次高压注浆的锚杆应力在随着锚固深度的增大而降低时，在锚固中部有一个应力减少放缓的阶段，如图 8 - 76 所示。这是因为分层两次高压注浆在第一次浆液凝固之后，在中部又进行了一次高压注浆，锚杆中部形成了一个锚固异形体，为锚杆提供了更大的剪应力。这最终使得锚固应力分布范围增大，锚固更加充分。

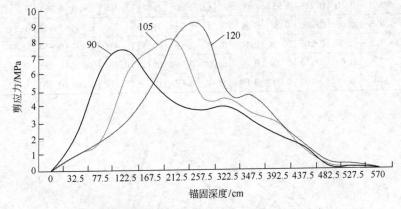

图 8 - 76　拉拔力大于 90kN 时平均剪应力随锚固深度变化曲线

（4）相比普通单次高压注浆的锚杆的剪应力分布，分层两次高压注浆锚杆的剪应力分布的范围更大，剪应力分布更加均匀，如图 8 - 77 所示。

（5）当拉拔力载荷增加到一定程度时，分层四次高压注浆锚杆的剪应力峰值同样向锚固深处移动，这一峰值的起始载荷和普通单次高压注浆锚杆相近，都是 90kN 左右，如图 8 - 78 所示。这说明锚固体与围岩界面在端口依然会发生塑性滑移。

8.2.5.4　分层四次高压注浆

同理得出分层四次高压注浆下锚固体平均剪应力随着长度分布，

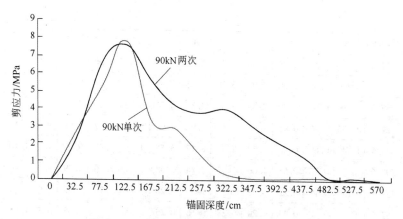

图 8 - 77　拉拔力为 90kN 时分层两次高压与
单次高压平均剪应力随锚固深度变化曲线

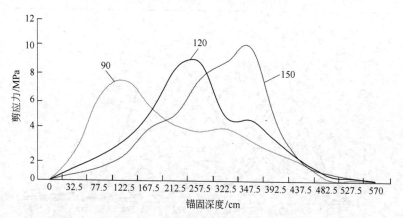

图 8 - 78　拉拔力大于 90kN 时分层四次高压注浆平均剪应力随锚固深度变化曲线

如表 8 - 16 和图 8 - 79 所示。

表 8 - 16　分层四次高压注浆下锚固体平均剪应力随着长度分布

载荷/kN	15	30	45	60	75	90	105	120	135	150	165	174
0	0	0	0	0	0	0	0	0	0	0	0	0
32.5	1.644	1.54	1.92	2.50	2.9	2.25	1.11	1.11	0.59	0.49	0.38	0.2
77.5	4.52	4.74	5.67	5.79	6.79	6.57	2.72	1.90	1.26	1.00	1.00	0.9
122.5	5.32	5.59	6.14	6.59	7.10	7.77	6.65	3.10	2.49	2.24	1.50	1.2

载荷/kN	15	30	45	60	75	90	105	120	135	150	165	174
167.5	2.37	2.54	2.99	3.66	4.77	5.55	7.77	5.45	4.56	4.06	4.91	3.0
212.5	1.03	1.34	1.90	2.97	3.50	4.55	7.96	8.65	5.60	5.40	5.42	4.9
257.5	1.01	0.96	1.79	2.89	3.63	3.84	5.21	8.93	8.39	7.94	8.21	8.0
322.5	0.638	0.72	0.91	2.01	3.51	3.92	4.60	5.81	8.57	8.94	9.91	10
347.5	0.38	0.68	0.80	1.67	2.85	3.12	3.55	4.95	4.97	9.90	10.4	10
392.5	0.2	0.26	0.55	1.06	1.36	2.34	2.53	3.41	3.76	4.99	4.98	5.2
437.5	0.136	0.18	0.22	0.38	0.95	1.37	1.20	1.71	1.79	1.93	1.68	1.8
482.5	0.1	0.10	0.23	0.20	0.28	0.16	0.25	0.55	0.55	0.65	0.67	0.9
527.5	0.11	0.1	0.05	0.04	0.04	0.15	0.18	0.20	0.30	0.38	0.43	0.8
570	0.015	0.01	0.01	0.01	0.02	0.03	0.26	0.21	0.20	0.23	0.25	0.6

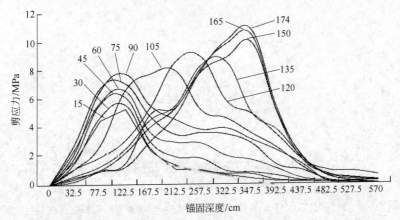

图 8 – 79　分层四次高压注浆下锚固体平均剪应力随着长度变化曲线

根据图 8 – 79 可以得出如下几点规律：

（1）分层四次高压注浆的锚杆应力分布与分层两次高压注浆的锚固应力分布相似，只是前者的峰值略有提高、剪应力分布的范围更大、剪应力分布更加均匀，如图 8 – 80 所示。

（2）分层四次高压注浆的施工过程中，因为第三次注浆的作用，跑浆现象大为改观。

（3）分层四次高压注浆的锚杆依然会发生塑性滑移。

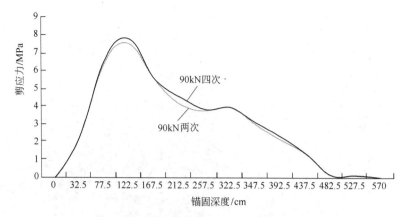

图 8-80 拉拔力为 90kN 时分层两次高压与
四次高压平均剪应力随锚固深度变化曲线

8.3 边坡失稳控制技术的计算机模拟

采用全长粘结型锚固，作为整个分析对象。为了能够在模拟中更好地分析不同浆脉情形对锚固效果的影响，减小边界条件对模拟结果的干扰，试验在笛卡尔坐标系内建立 $2m^3$ 的块体作为锚固基体。在此块体的中间留有直径约为 60mm 的钻孔，作为锚杆锚固的地点，模型上表面中心位置坐标为（1.5，1.5，2）。整个模型采用楔形体网格建立，底面固定 x、y、z 坐标，面 $x=0.5$ 和 $x=2.5$ 固定 z，x 坐标，面 $y=0.5$ 和 $y=2.5$ 固定 z，y 坐标，其模型基体如图 8-81 所示。

试验所用的固定参数如下：锚固长度 500mm，锚杆直径为 16mm，钻孔直径 60mm。材料设置参数如表 8-17 所示。

表 8-17 材料参数

材 料	弹性模量/GPa	泊松比	内聚力/MPa	内摩擦角/(°)
钢筋	210	0.30	—	—
灌浆体	5	0.24	8	25
模型基体	3	0.20	4	20

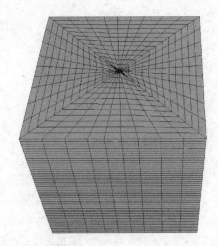

图 8 – 81　模型体建模

　　为了研究钻孔中高压浆液劈裂产生的浆脉锚固异形体的形态对锚杆锚固应力分布与传递的影响，模拟在以上基本建模框架的基础上需要对模型进行调整。

　　此次模拟在锚固深度为 250mm 处建立浆脉异形体。试验假设浆脉空间形状为类四面体的楔形，径向尖灭而纵向长度不变，于是以浆脉起劈宽度占钻孔直径的百分比和浆脉长度占钻孔直径的百分比为主要浆脉形态的变量，充分发挥计算机模拟的优势，分别建立模型，研究起劈宽度的不同和浆脉长度的不同对锚固体的影响情况。具体以浆脉长度为钻孔直径 3 倍的条件下，浆脉起劈宽度为钻孔直径的 6.6%、27%、50%、86.6%、100%；浆脉起劈宽度为钻孔直径 50% 的条件下，浆脉长度为钻孔的 1 倍、2 倍、3 倍、4 倍和 5 倍，加之无浆脉的模拟，一共 10 个模型。

　　经过模拟与分析，得到模型纵向剖面剪应力云图分布如图 8 – 82 ~ 图 8 – 92 所示。

　　此外还得到模型分析的横向界面剪应力分布云图，如图 8 – 93 ~ 图 8 – 101 所示。

　　根据图 8 – 82 ~ 图 8 – 101 的分析结果可知：起劈宽度的增加可以更加有利于锚固体应力向模型深处传递，并缓解在锚固端口处的

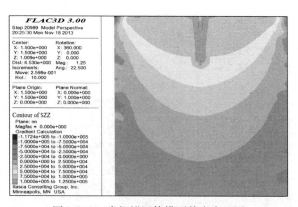

图 8 - 82　常规锚固体模型剪应力云图

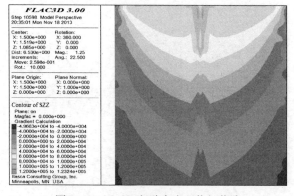

图 8 - 83　6.6% 起劈宽度 3 倍长浆脉

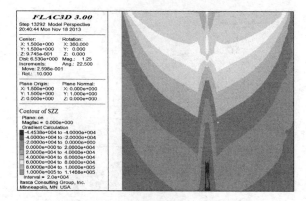

图 8 - 84　27% 起劈宽度 3 倍长浆脉

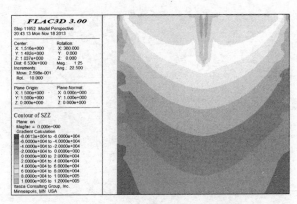

图 8 - 85　50%起劈宽度 3 倍长浆脉

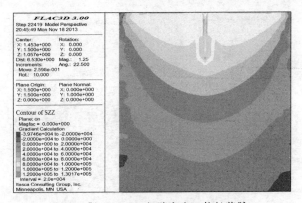

图 8 - 86　86.6%起劈宽度 3 倍长浆脉

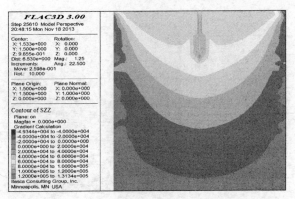

图 8 - 87　100%起劈宽度 3 倍长浆脉

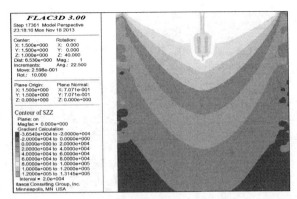

图 8-88　50%起劈宽度 1 倍长浆脉

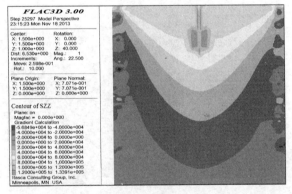

图 8-89　50%起劈宽度 2 倍长浆脉

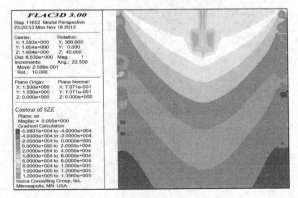

图 8-90　50%起劈宽度 3 倍长浆脉

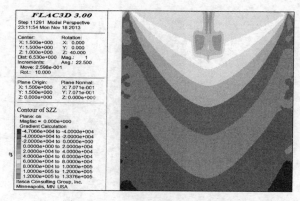

图 8 – 91 50%起劈宽度 4 倍长浆脉

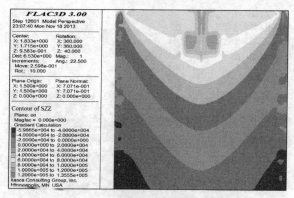

图 8 – 92 50%起劈宽度 5 倍长浆脉

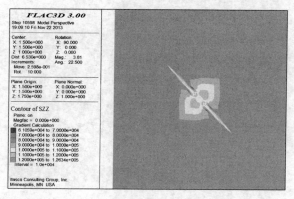

图 8 – 93 6.6%起劈宽度 3 倍长浆脉径向截面

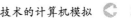

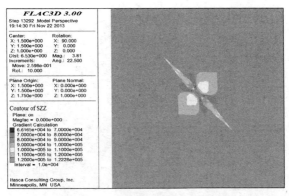

图 8-94 27%起劈宽度 3 倍长浆脉径向截面

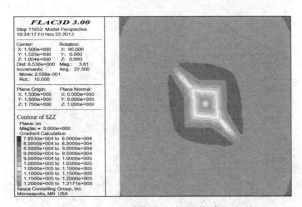

图 8-95 50%起劈宽度 3 倍长浆脉径向截面

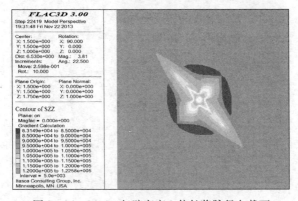

图 8-96 86.6%起劈宽度 3 倍长浆脉径向截面

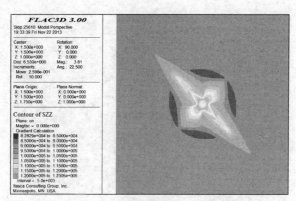

图 8 – 97　100% 起劈宽度 3 倍长浆脉径向截面

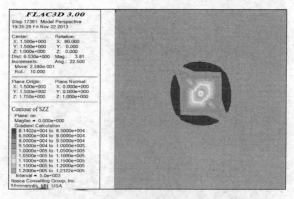

图 8 – 98　50% 起劈宽度 1 倍长浆脉径向截面

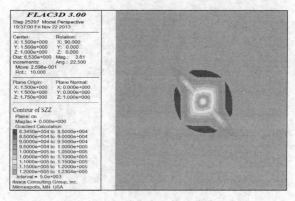

图 8 – 99　50% 起劈宽度 2 倍长浆脉径向截面

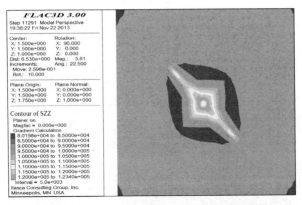

图 8 – 100　50%起劈宽度 4 倍长浆脉径向截面

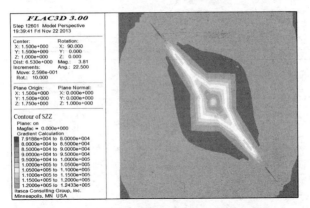

图 8 – 101　50%起劈宽度 5 倍长浆脉径向截面

应力分布集中现象。而裂缝的长度会对剪应力迅速向模型深处传递，扩大锚固范围起到重要作用。

　　利用分析结果，对模拟锚杆的剪应力分布情况采取测点记录的方法，最终得到如图 8 – 102 ～ 图 8 – 111 所示结果。

　　由图 8 – 102 ～ 图 8 – 111 可知，浆脉起劈宽度的增加，降低了分布在锚杆埋深较浅处附近以及锚杆整体的剪应力峰值。随着起劈宽度的增加，锚固较深处承担的剪应力也逐渐增大，锚固较深处的锚杆长度也得到了利用。浆脉长度的增加也有同样的效果，但是影响并不明显。

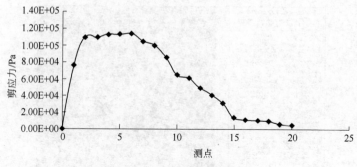

图 8 - 102　常规锚固模型

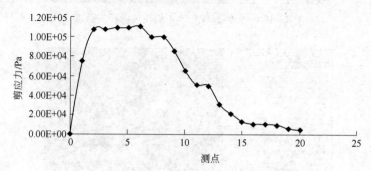

图 8 - 103　6.6% 起劈宽度 3 倍长浆脉模型

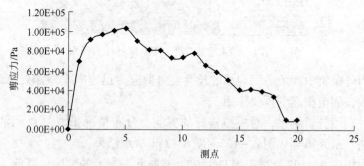

图 8 - 104　27% 起劈宽度 3 倍长浆脉模型

　　综上所述：利用分层多次高压注浆方式制作具有充分扩展和延展的锚固体，对于更加有效地提高锚固应力的影响范围、优化锚固效果具有重要意义。

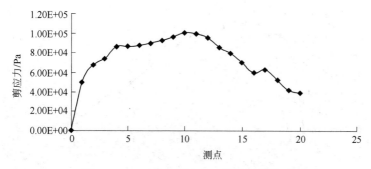

图 8-105　50% 起劈宽度 3 倍长浆脉模型

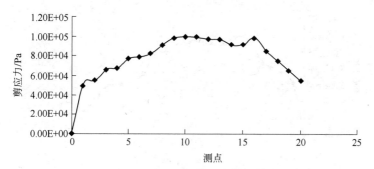

图 8-106　86.6% 起劈宽度 3 倍长浆脉模型

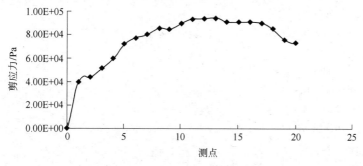

图 8-107　100% 起劈宽度 3 倍长浆脉模型

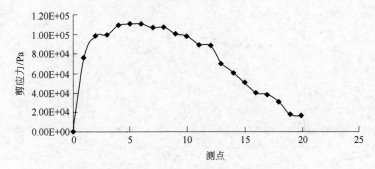

图 8 - 108 50% 起劈宽度 1 倍长浆脉模型

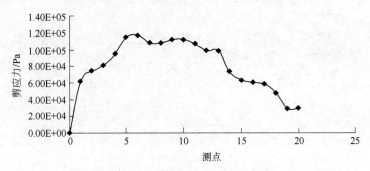

图 8 - 109 50% 起劈宽度 2 倍长浆脉模型

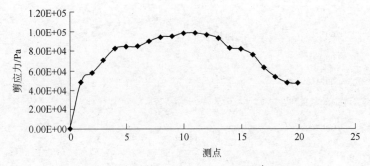

图 8 - 110 50% 起劈宽度 4 倍长浆脉模型

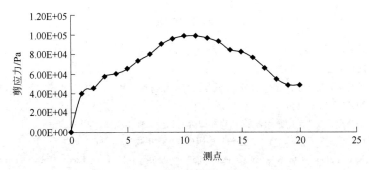

图 8 – 111　50% 起劈宽度 5 倍长浆脉模型

参考文献

[1] 杨天鸿, 张峰春, 等. 露天矿高陡边坡稳定性研究现状及发展趋势 [J]. 岩土力学, 2011, 32 (5): 1438.

[2] 姜德义, 朱合华, 等. 边坡稳定性分析与滑坡防治 [M]. 重庆: 重庆大学出版社, 2005: 3~22, 136.

[3] 陈晓青. 金属矿床露天开采 [M]. 北京: 冶金工业出版社, 2010.

[4] 贾喜荣. 岩石力学 [M]. 徐州: 中国矿业大学出版社, 2011: 142.

[5] Jian C. Slope stability analyasis using rigid elements [D]. Hong Kong: The Hong Kong Polytechenic University, 2004.

[6] 孙世国, 杨宏. 典型排土场边坡稳定性控制技术 [M]. 北京: 冶金工业出版社, 2011.

[7] 刘波, 韩彦辉 (美国). FLAC 原理、实例与应用指南 [M]. 北京: 人民交通出版社, 2005: 1.

[8] 孙书伟, 林杭, 任连伟. FLAC3D 在岩土工程中的应用 [M]. 北京: 中国水利水电出版社, 2011: 9~10.

[9] 陈育民, 徐鼎平. FLAC/FLAC3D 基础与工程实例 [M]. 北京: 中国水利水电出版社, 2009: 2~3.

[10] 魏继红, 吴继敏, 孙少锐. FLAC3D 在边坡稳定性分析中的应用 [J]. 勘察科学技术, 2005 (2): 27~30.

[11] 陈飞, 杨诗义, 王家成, 等. 用 ANSYS 和 FLAC3D 软件求解边坡稳定安全系数的比较分析 [J]. 水利与建筑工程学报, 2010, 8 (1): 104~106.

[12] 郭建新. 分层多次高压注浆预应力锚固技术机理和应用 [J]. 路基工程, 2008 (6): 44~45.

[13] 陈弦. 锚杆拉拔荷载传递机理及试验研究 [D]. 西安: 西安科技大学, 2010.

[14] 商真平, 魏玉虎, 姚兰兰, 等. 滑坡防治技术理论探讨与工程实践 [M]. 郑州: 黄河水利出版社. 2009.

[15] 佴磊, 徐燕, 代树林. 边坡工程 [M]. 北京: 科学出版社, 2010.

[16] 田裕甲. 岩土锚固新技术及实践 [M]. 北京: 中国建材工业出版社, 2006.

[17] 蒋树屏, 王福敏, 唐树名, 等. 岩土锚固技术研究与应用工程 [M]. 北京: 人民交通出版社, 2010.

[18] 熊传治. 岩石边坡工程 [M]. 长沙: 中南大学出版社, 2010.

[19] 徐卫亚. 边坡及滑坡环境岩石力学与工程研究 [M]. 北京: 中国环境科学出版社, 2000.

[20] 金爱兵, 孙金海, 高永涛. 单孔复合锚杆桩工程应用及加固机理分析 [J]. 路基工程, 2005, 4: 9~11.

[21] 杨慧林，徐慧宇，马锴．复合锚杆桩保护桥梁基础技术综述 [J]．隧道/地下工程，2008（2）：67~69．

[22] 金爱兵，吴顺川，高永涛．复合锚固桩的承载特性及工程应用 [J]．北京科技大学学报，2007，29（5）：461~464．

[23] 贺跃兵．单孔复合锚杆桩技术加固效果的数值分析研究 [J]．公路与汽运，2009，132：171~173．

[24] 李军峰，闫松涛，刘永勤．复合锚杆桩在某桥基加固中的应用 [J]．施工技术，2012，41（360）：61~64．

[25] 叶强，刘强．岩土锚固技术在公路边坡治理中的应用 [J]．公路，2011（12）：43~45．

[26] 范俊奇．锚固类结构内锚固段剪应力分布特征研究 [D]．兰州：兰州大学，2005：1~18．

[27] 李晓辉，张卓，薛学涛．岩土锚固技术的发展综述 [J]．山西建筑，2011，37（28）：69~70．

[28] 吴顺川．压力注浆复合锚固桩地基处治理论研究及工程应用 [D]．北京：北京科技大学，2004：5~20，22~27，89~104，118~132．

[29] 陆卫国．新型复合锚固结构抗动静载性能研究 [D]．北京：北京科技大学，2009：1~13，42~82．

[30] 秦前波，方引晴，骆行文，等．深层高压注浆加固古滑坡滑动带试验及效果分析 [J]．岩土力学，2012，33（4）：1185~1190．

[31] 王起才，张戎．劈裂注浆浆液走势与不同压力下土体位移试验研究 [J]．铁道学报，2012，33（12）：107~111．

[32] 李哲，仵彦卿，张建山．高压注浆渗流数学模型与工程应用 [J]．岩土力学，2005，26（12）：1972~1976．

[33] 尤春安，战玉宝，刘秋媛，等．预应力锚索锚固段的剪滞-脱黏模型 [J]．岩石力学与工程学报，2013，32（4）：800~806．

[34] 吴顺川，姜春林，王金安．失稳挡墙加固中锚喷力学分析及数值模拟 [J]．岩土力学，2007，28（6）：1192~1196．

[35] 吴顺川，高永涛，王金安．坡间路基挡土墙"双锚"建设方案评价及参数优化数值模拟 [J]．岩土工程学报，2006，28（3）：332~336．

[36] 王松根，高永涛，马飞，等．公路路基支挡结构物加固技术研究 [J]．岩土力学，2004（z1）：110~114．

[37] 张付涛．裂隙岩体注浆材料研究及应用 [D]．青岛：山东科技大学，2011．

[38] 黄爱娟，刘北林．食品安全风险预警指标体系设计研究 [J]．哈尔滨商业大学学报（自然科学版），2008，24（5）：621~624．

[39] 王朝阳．滑坡监测预报效果评估方法研究 [D]．成都：成都理工大学，2012．

[40] 丁宝成．煤矿安全预警模型及应用研究 [D]．沈阳：辽宁工程技术大学博士学位论

文，2010.

[41] 杨文涛. 基于 G1 法的在役混凝土梁桥技术状态并行综合评定方法 [D]. 西安：长安大学，2009.

[42] 闫东方. 可拓层次分析法及其应用 [D]. 大连：大连海事大学，2012.

[43] 刘成明. 面向复杂系统决策的层次分析权重处理方法及其应用研究 [D]. 长春：吉林大学，2006.

[44] 刘建，郑双忠，邓云峰，等. 基于 G1 法的应急能力评估指标权重的确定 [J]. 中国安全科学学报，2006，16（1）：30～33.

[45] 廖瑞金，黄飞龙，杨丽君，等. 变压器状态评估指标权重计算的未确知有理数法 [J]. 高电压技术，2010，36（9）：2219～2224.

[46] 栾婷婷，谢振华，吴宗之，等. 露天矿排土场滑坡的可拓评价预警 [J]. 中南大学学报（自然科学版），2014，45（4）：1274～1279.

[47] Pawlak Z. Roughsets – theoretical aspects of reasoning about data [M]. Kluwer Academic Publishers，Dordrecht，1991.

[48] 刘清. Rough 集和 Rough 推理 [M]. 北京：科学出版社，2001.

[49] 张文修，吴伟业. 粗糙集理论与方法 [M]. 北京：科学出版社，2001.

[50] 王广月，崔海丽，李倩. 基于粗糙集理论的边坡稳定性评价中因素权重确定方法的研究 [J]. 岩土力学，2009，30（8）：2418～2422.

[51] 袁晓芳. 基于案例推理的煤矿瓦斯预警支持系统研究 [D]. 西安：西安科技大学硕士学位论文，2009：4.

[52] Ermini L，Catani F，Casagli N. Artificial neural networks applied to landslide susceptibility assessment [J]. Geomorphology，2005：327～343.

[53] Neaupane K M，Achet S H. Use of back propagation neural network for landslide monitoring：A case study in the higher Himalaya [J]. Engineering Geology，2004，74：213～226.

[54] 李昆仲. 基于 RBF 神经网络的边坡稳定性评价研究 [D]. 西安：长安大学，2010.

[55] 伍长荣. 基于 RBF 神经网络的多因素时间序列预测模型研究 [D]. 合肥：合肥工业大学，2004.

[56] 周成宝. 基于 RBF 神经网络的矿井提升机故障诊断研究 [D]. 哈尔滨：哈尔滨工程大学，2009.

[57] 冯海明，金龙哲，张春芝. 基于神经网络的煤炭自然预测及在 MATLAB 上的实现 [J]. 中国煤炭，2008，34（5）：82～84.

[58] 万林海，王鹏，蔡美峰. 基于 RBF 神经网络的露天边坡优化设计方法 [J]. 中国矿业，2004，13（7）：49～52.

[59] 谢振华，陈庆. 尾矿坝监测数据分析的 RBF 神经网络方法 [J]. 金属矿山，2006（10）：69～71.

[60] 魏海坤. 神经网络结构设计的理论与方法 [M]. 北京：国防工业出版社，2005.

［61］张德丰. MATLAB 神经网络应用设计［M］. 北京：机械工业出版社，2012.

［62］徐金明，张孟喜，丁涛. MATLAB 实用教程［M］. 北京：清华大学出版社，北京交通大学出版社，2010.

［63］吴昌友. 神经网络的研究及应用［D］. 哈尔滨：东北农业大学，2007.

［64］Mareus C M, Westervel R M. Stability analog neural networks with delay［J］. Phys Rev A, 1989, 39：347~359.

［65］Arik S. Stability analysis of delayed neural networks［J］. IEEE Trans Circuits and System I：Fundamental Theory and Applications, 2000, 47（7）：1089~1092.

［66］Joy M P. Results coneerning the absolute stability of delayed neural networks［J］. Neural Networks, 2000, 13：613~616.

［67］Liao T, Wang F. Global stability for cellular neural networks with time delay［J］. IEEE Trans Neural Networks, 2000, 11（6）：1481~1484.

［68］黄继鸿，姚武，雷战波. 基于案例推理的企业财务危机智能预警支持系统研究［J］. 系统工程理论与实践，2003（12）：47~50.

［69］魏权. 基于案例推理的煤矿瓦斯爆炸预警系统［D］. 西安：西安科技大学硕士学位论文，2008：4.

［70］侯玉梅，许成媛. 基于案例推理法研究综述［J］. 燕山大学学报（哲学社会科学版），2011, 12（4）：102~108.

［71］Shiu S C K. Case – based reasoning：concepts, features and soft computing［J］. Applied Intelligence, 2004, 20（2）：92~99.

［72］Kolodner J. An introduction to case – based reasoning［J］. Artifieial Intelligenee Review, 1992, 6（1）：3~34.

［73］Mclvor R T, Humphreys P K. A cage – based reasoning approach to the make or buy decision［J］. Integrated Manufacturing Systems, 2000, 11（5）：295~310.

［74］Watson D, Abdullah S. Developing case – based reasoning systems：A case study in diagnosing building defects［C］. In：Proceedings of the IEE Colloquium on Case – based Reasoning：Prospects for Applications Digest, 1994, 57：1~3.

［75］Perera R S, Watson I. A case-based design approach for the integration of design and estimating［C］. In：Watson I, ed. Progress in case – based reasoning, Lecture Notes in Artificial Intelligence 1020. Berlin：Springer, 1995.

［76］Koegst M, Schneider J, Bergmann R. IP retrieval by solving constraint satisfaction problems［C］. In：FDL99, Second International Forum on Design Languages, Lyon, France, 1999.

［77］Richard C Bark. B/S and C/S systerm structure［J/OL］. Network Journal, 2000：10.

［78］常春光，陈冬文，王立杰，等. 基于 CBR 的建筑生产安全诊断系统研究［J］. 科技进步与对策，2009, 26（21）：166~170.

［79］严军，倪志伟，王宏宇，等. 案例推理在汽车故障诊断中的应用［J］. 计算机应用研究，2009, 26（10）：3846~3848.

[80] 柳炳祥，盛昭翰. 基于案例推理的企业危机预警系统设计［J］. 中国软科学，2003（3）：67～70.

[81] 刘小龙，唐葆君，邱菀华. 基于灰色关联的企业危机预警案例检索模型研究［J］. 中国软科学，2007（8）：152～155.

[82] 李清，刘金全. 基于案例推理的财务危机预测模型研究［J］. 经济管理，2009（6）：123～131.

[83] 赵卫东，李旗号，盛昭翰，等. 基于案例推理的决策问题求解研究［J］. 管理科学学报，2000，3（4）：29～36.

[84] 吴大刚，肖荣荣. C/S结构与B/S结构的信息系统比较分析［J］. 情报科学，2003，3：89～91.

[85] 颜鸿淋. 基于VB 6.0的猪场管理系统的设计与实现［D］. 昆明：昆明理工大学硕士学位论文，2011.

[86] 李春德，刘圣才，张植民. Visual Basic程序设计［M］. 北京：清华大学出版社，2005，5.

[87] 刘凯. 教师职称评定系统的研究与实现［D］. 长春：吉林大学硕士学位论文，2014，5.

[88] 李蕴，于承新. 管理信息系统［M］. 武汉：武汉理工大学出版社，2006.